严格依据应急管理部办公厅印发的考试大纲编写

U0667544

全国中级注册安全工程师职业资格考试辅导教材

安全生产专业实务
（化工安全）

○ 全国注册安全工程师职业资格考试研究中心 组织编写

CSE

中国大百科全书出版社

图书在版编目（CIP）数据

安全生产专业实务．化工安全/全国注册安全工程师
职业资格考试研究中心组织编写．—北京：中国大百科全
书出版社，2019.6

全国中级注册安全工程师职业资格考试辅导教材

ISBN 978－7－5202－0509－2

Ⅰ.①安… Ⅱ.①全… Ⅲ.①化工安全－安全技术－
资格考试－自学参考资料 Ⅳ.①X93

中国版本图书馆 CIP 数据核字（2019）第 099176 号

项目统筹	鞠慧卿		
责任编辑	姚　萱		
封面设计	志道文化		
责任印制	魏　婷		
出版发行	中国大百科全书出版社		
地　　址	北京市阜成门北大街 17 号	邮政编码	100037
电　　话	010－88390969		
网　　址	http：//www.ecph.com.cn		
印　　刷	北京君升印刷有限公司		
开　　本	787 毫米×1092 毫米　1/16		
印　　张	11.5		
字　　数	275 千字		
印　　次	2019 年 6 月第 1 版　2019 年 6 月第 1 次印刷		
书　　号	ISBN 978－7－5202－0509－2		
定　　价	39.00 元		

全国中级注册安全工程师职业资格考试辅导教材

编 委 会

总 主 编　伊贵业

本册主编　肖　勇

参编人员　（按汉语拼音音序排序）

陈　浩　　程　偲　　葛有伦

孙玉保　　孙振宇　　肖　勇

王　强　　张晓敏　　朱云肖

前　言

一、考试概览

自注册安全工程师制度实施以来，安全生产形势发生了深刻变化，对注册安全工程师制度建设提出了新要求。对此，中华人民共和国应急管理部、人力资源社会保障部共同制定了注册安全工程师职业资格制度，并加以实施。

根据《注册安全工程师分类管理办法》，注册安全工程师有高级、中级、初级（助理）三个级别。高级注册安全工程师采取考试与评审相结合的评价方式；中级注册安全工程师职业资格考试按照专业类别实行全国统一考试，由人力资源社会保障部、国家安全监管总局负责组织实施；初级注册安全工程师职业资格考试由各省、自治区、直辖市人力资源社会保障和应急管理部门会同有关行业主管部门，按照全国统一考试大纲要求和相关规定组织实施。其中，提高中级注册安全工程师的层次对于培养和打造一支适应新时期安全发展需要，规模适当、结构合理、素质过硬的注册安全工程师队伍有着极其重要的作用。

应急管理部、人力资源社会保障部发布的《注册安全工程师职业资格制度规定》详细规定了中级注册安全工程师职业资格考试的报名条件、考试科目和考试成绩滚动周期等相关信息，具体如下：

（一）报名条件

凡遵守中华人民共和国宪法、法律、法规，具有良好的业务素质和道德品行，具备下列条件之一者，可以申请参加中级注册安全工程师职业资格考试：

（1）具有安全工程及相关专业大学专科学历，从事安全生产业务满 5 年；或具有其他专业大学专科学历，从事安全生产业务满 7 年。

（2）具有安全工程及相关专业大学本科学历，从事安全生产业务满 3 年；或具有其他专业大学本科学历，从事安全生产业务满 5 年。

（3）具有安全工程及相关专业第二学士学位，从事安全生产业务满 2 年；或具有其他专业第二学士学位，从事安全生产业务满 3 年。

（4）具有安全工程及相关专业硕士学位，从事安全生产业务满 1 年；或具有其他专业硕士学位，从事安全生产业务满 2 年。

（5）具有博士学位，从事安全生产业务满 1 年。

（6）取得初级注册安全工程师职业资格后，从事安全生产业务满 3 年。

（二）考试科目

中级注册安全工程师职业资格考试的考试科目、题型、总分、考试时间等信息见下表。

	考试科目	考试题型		总分	考试时间
公共科目	安全生产法律法规 安全生产管理 安全生产技术基础	单项选择题（70分） 多项选择题（30分）		100分	2.5小时
专业科目	煤矿安全 金属非金属矿山安全 化工安全 金属冶炼安全 建筑施工安全 道路运输安全 其他安全（不包括消防安全）	专业安全技术	单项选择题（20分）		
		安全生产案例分析	选择题 （包括单选、多选，10分） 综合案例分析题（70分）		

注：考生在报名时可根据实际工作需要选择一个专业科目。

（三）考试成绩滚动周期

中级注册安全工程师职业资格考试成绩实行4年为一个周期的滚动管理办法，参加全部4个科目考试的人员必须在连续的4个考试年度内通过全部科目，免试1个科目的人员必须在连续的3个考试年度内通过应试科目，免试2个科目的人员必须在连续的2个考试年度内通过应试科目，方可取得中级注册安全工程师职业资格证书。

二、本书特点

为帮助广大读者科学、高效地掌握中级注册安全工程师职业资格考试的相关知识，全国注册安全工程师职业资格考试研究中心在对中级注册安全工程师考试深入研究的基础上，对应急管理部办公厅印发的考试大纲进行了深入剖析，紧抓考试的重点难点，精心编写了本套辅导教材。

本套辅导教材的主要特点有：

（一）紧扣大纲，内容全面

本套教材在编写过程中，严格依据全新考试大纲，涵盖了大纲要求的重点、难点，内容全面。《安全生产法律法规》通过对安全生产法律体系的讲解，使读者深刻领会安全生产相关法律、法规、规章和标准的有关规定，增强分析、判断和解决安全生产实际问题的能力。《安全生产管理》通过讲解安全生产管理基础理论和方法、安全制度和规程制定，以及生产安全事故调查、统计、分析等知识，提高读者的安全生产管理业务能力。《安全生产技术基础》通过讲解机械、电气、特种设备、防火防爆、危险化学品等安全生产技术知识，提高读者运用安全生产技术消除、降低事故风险的能力。专业实务科目通过讲解相关安全生产专业实务知识，使读者掌握专业安全技术，提高分析和解决安全生产问题的能力。作为重要的补充，《安全生产事故案例分析》通过对大量案例题的分析，帮助读者应对专业科目中安全生产案例部分的题目。

（二）脉络清晰，重点突出

本套教材的体系科学、完备，讲解深入浅出、层次分明、逻辑清楚，有助于读者理清复习思路，构建完整的知识体系。此外，本套教材在每章前设置了"本章考试内容及要求"栏目，旨在提醒读者在学习过程中应当把握哪些重点，如何突破难点，从而提升学习效率，达到最佳的学习效果。

（三）学练结合，高效备考

为让读者能通过练习及时查漏补缺，本套教材设置了"典型例题""本章练习"等栏目。"典型例题"设置在知识点讲解结束后，读者可以通过做典型例题，了解自己对于该知识点的掌握情况；"本章练习"设置在每章讲解结束后，读者可以通过做本章练习，把握重点，全面复习。通过大量做题，读者可以快速检验对知识点的掌握程度和学习效果，科学、高效备考。

在编写过程中，虽经反复推敲核证，仍难免有不妥之处，恳请广大读者提出宝贵意见，同时希望本书能够帮助大家顺利通过考试！

全国注册安全工程师职业资格考试研究中心

2019 年 6 月

目　　录

第一章　化工安全技术基础 ··· 1

　　第一节　化工安全生产特点 ··· 1

　　第二节　化工工艺及相关设备设施基础 ··································· 2

　　第三节　危险化学品的特性及主要反应类型 ······························· 4

　　第四节　重大危险源辨识方法 ··· 8

　　第五节　化学品安全技术说明书与标签编写 ······························· 9

第二章　化工过程安全生产技术 ··· 13

　　第一节　重点监管危险化工工艺的特性及控制方法 ························ 13

　　第二节　特种设备的分类、检测及维护 ··································· 20

　　第三节　常见的电气危害及防火防爆等知识 ······························ 23

　　第四节　工艺安全要求与技术实施 ······································· 25

第三章　化工建设项目安全技术 ··· 29

　　第一节　设计方案审查与改进完善 ······································· 29

　　第二节　可操作性分析与保护层分析 ····································· 31

　　第三节　化工建设安全风险与施工安全 ··································· 33

第四章　特殊作业安全技术 ··· 37

　　第一节　特殊作业危险有害因素辨识 ····································· 37

　　第二节　安全技术措施 ··· 41

第五章　化学品储运安全技术 ··· 53

　　第一节　危险化学品的包装、存储、装卸、运输 ·························· 53

　　第二节　化学品的安全管理 ··· 63

第六章　化工过程控制和检测技术 ··· 66

　　第一节　可燃、有毒气体的检测 ··· 66

　　第二节　紧急停车系统与安全仪表系统 ··································· 72

　　第三节　自动化控制系统和控制方式 ····································· 75

　　第四节　噪声、振动、粉尘、火灾、温度、气体检测方法 ·················· 76

　　第五节　化工过程设备状态监测故障诊断技术 ···························· 78

　　第五节　无损检测技术 ··· 80

第七章　化工事故应急救援技术 ·· 87

　　第一节　化工事故应急技能与处置方案 ··································· 87

　　第二节　化工事故现场救援 ··· 88

　　第三节　化学事故应急救援预案 ··· 92

　　第四节　应急救援器材 ··· 94

第八章　消防安全技术 ·· 98

　　第一节　灭火剂类型与工作原理 ··· 98

　　第二节　灭火剂的工作原理与适用对象 ·································· 100

　　第三节　化工消防器材与配备要求 ·· 101

　　第四节　化工企业消防的安全措施和使用维护 ······················ 104

附录 ··· 109

第一章　化工安全技术基础

■ **考试内容及要求**

　　运用化工安全相关技术和标准，掌握基本的化工安全生产特点和管理知识；掌握重点监管危险化学品的危害性，根据危险化学品的理化性质及危险特性等相关知识，编写安全标签及说明书；了解危险化学品的特性及其分类、主要化学反应类型；了解重大危险源的辨识方法；了解化工工艺及相关设备设施基础知识。

第一节　化工安全生产特点

一、物料危险性大

　　危险化学品生产过程中的原料、半成品、副产品、产品和废弃物大都是具有易燃、易爆、有毒、有害危险特性的危险化学品。

　　危险化学品的危险特性决定了其生产过程中如果防范措施不到位，容易发生爆炸、火灾、急性中毒（窒息）、慢性中毒（职业病）、化学灼伤、噪声和粉尘（职业病）等危险。

二、工艺过程复杂

　　化学反应复杂：如氧化、还原、氢化、硝化、水解、磺化、胺化等。

　　工艺复杂：涉及反应、输送、过滤、蒸发、冷凝、精馏、提纯、吸附、干燥、粉碎等多个化工单元操作。

　　自动化控制复杂：DCS、ESD/FSC、SIS、PLC等。

　　维护作业复杂：易发生触电、辐射、高空坠落、机械伤害等事故。

三、高温与高压（低温和真空）

　　氨合成的压力有的达到32MPa

　　高压聚乙烯生产压力为300MPa

　　乙烯生产工艺中裂解炉温度高达1200℃

　　乙烯深冷分离温度须降到−167℃

　　高压带来的危险性

　　高温带来的危险性

四、危险源集中潜在危险性、存在条件和触发因素

　　冬天北方易冻凝；夏天储存物料高温。

五、连续作业

操作人员夜间易瞌睡。

长期连续生产，容易引起设备的疲劳、腐蚀等变化的累积。

■ **典型例题** ■

下列属于化工安全生产特点的是（　　）

A. 物料危险性大

B. 工艺过程简单

C. 高温与高压（低温和真空）

D. 危险源集中潜在危险性、存在条件和触发因素

E. 间断性作业

【答案】ACD

【解析】化工安全生产特点主要包括：1. 物料危险性大；2. 工艺过程复杂；3. 高温与高压（低温和真空）；4. 危险源集中潜在危险性、存在条件和触发因素；5. 连续作业。

第二节　化工工艺及相关设备设施基础

一、化工设备的相关概念

1. 化工设备

化工设备是化工工艺的基础，是实现化工生产的重要工具。化工设备是指化工生产中静止的或配有少量传动机构组成的装置，主要用于完成传热、传质和化学反应等过程，或用于存储物料。其特点为：功能原理多样化，外壳多为压力容器，设备机构大型化。

2. 压力容器

承受一定压力载荷，与外界形成一个封闭系统的外壳。其特点为：在高温、高压、高真空、低温、强腐蚀条件下操作，工艺条件苛刻、恶劣，安全性要求极高。

二、化工设备的基本要求

1. 安全可靠性要求

化工设备必须具有足够的强度和刚度，良好的韧性、耐腐蚀性和可靠的密封性。

2. 工艺条件要求

工艺性能要求通常包括：反应设备的反应速度、换热设备的传热量、塔设备的传质效率、储存设备的储存量等。

3. 经济合理性要求

在满足工艺要求和安全可靠运行的前提下，要尽量做到适用和经济合理。

4. 便于操作和维护

5. 环境保护要求

三、压力容器分类及结构

1. 分类

（1）按设计压力

低压容器：0.1MPa≤P＜1.6MPa

中压容器：1.6MPa≤P＜10.0MPa

高压容器：10.0MPa≤P＜100MPa

超高压容器：P≥100MPa

■ **典型例题** ■

按照设计压力分类，下列压力容器中属于高压容器的是（　　　）。

A. 0.1MPa≤P＜1.6MPa　　　　　　　B. 1.6MPa≤P＜10.0MPa

C. 10.0MPa≤P＜100MPa　　　　　　 D. P≥100MPa

【答案】C

【解析】按设计压力：低压容器：0.1MPa≤P＜1.6MPa；中压容器：1.6MPa≤P＜10.0MPa；高压容器：10.0MPa≤P＜100MPa；超高压容器：P≥100MPa。

（2）按作用原理

反应容器：以化学反应为主，如氨合成塔、HCl反应器等。

换热容器：用于热交换，如列管式换热器、板式换热器等。

分离容器：用于将物料分离的容器，如气提塔、旋风分离器等。

贮运容器：用于贮放和搬运物料，如液化气罐、球罐、槽车等。

（3）按工作温度

低温容器：设计温度≤－20℃

常温容器：设计温度≤－20℃～200℃

中温容器：设计温度≤200℃～450℃

高温容器：设计温度＞450℃

（4）按《压力容器安全技术检查规程》

一类容器，属于下列情况之一者：非易燃或无毒介质的低压容器；易燃或有毒介质的低压分离容器和换热容器。

二类容器，属于下列情况之一者：中压容器；剧毒介质的低压容器；易燃或有毒介质的低压反应容器和贮运容器；内径小于1米的低压废热锅炉。

2. 使用工况

（1）P＞0.1MPa

（2）D＞0.15m

（3）介质为气体、液化气体或最高工作温度高于等于标准沸点的液体。

3. 结构

（1）基本承压部件

筒体、封头、密封装置（法兰、密封原件、坚固件）、开孔（人/手孔）、接管、支座。

（2）附件

安全附件（安全阀、爆破片）、测量与控制仪表。

第三节　危险化学品的特性及主要反应类型

一、危险化学品特性

危险化学品是指具有毒害、腐蚀、爆炸、燃烧、助燃等性质，对人体、设施、环境具有危害的剧毒化学品和其他化学品。依据 GB13690—2009《化学品分类和危险性公示通则》，危险化学品按物理、健康或环境危害的性质共分三大类。

1. 物理危害分类

（1）爆炸物

爆炸物质（或混合物）是一种固态或液态物质（或物质的混合物），其本身能够通过化学反应产生气体，而产生气体的温度、压力和速度能对周围环境造成破坏。其中也包括发火物质，即便它们不放出气体。

（2）易燃气体

易燃气体是在20℃和101.3kPa标准压力下，与空气有易燃范围的气体。

（3）气溶胶

气溶胶是指气溶胶喷雾罐，系任何不可重新灌装的容器，该容器由金属、玻璃或塑料制成，内装强制压缩、液化或溶解的气体，包含或不包含液体、膏剂或粉末，配有释放装置，可使所装物质喷射出来，形成在气体中悬浮的固态或液态微粒，或形成泡沫、膏剂或粉末，或处于液态或气态。

（4）氧化性气体

氧化性气体是一般通过提供氧气，比空气更能导致或促使其他物质燃烧的任何气体。

（5）压力下气体

压力下气体是指高压气体在压力等于或大于200kPa（表压）下装入贮器的气体，或是液化气体或冷冻液化气体，包括压缩气体、液化气体、溶解液体、冷冻液化气体。

（6）易燃液体

易燃液体是指闪点不高于93℃的液体。

（7）易燃固体

易燃固体是容易燃烧或通过摩擦可能引燃或助燃的固体，它们在与燃烧着的火柴等火源短暂接触即可点燃和火焰迅速蔓延的情况下，都非常危险。

（8）自反应物质或混合物

自反应物质或混合物是即便没有氧气（空气）也容易发生激烈放热分解的热不稳定液态或固态物质或者混合物。

（9）自燃液体

自燃液体是即使数量小也能在与空气接触后5分钟之内引燃的液体。

（10）自燃固体

自燃固体是即使数量小也能在与空气接触后5分钟之内引燃的固体。

（11）自燃物质或混合物

自燃物质是发火液体或固体以外，与空气反应不需要能源供应就能够自己发热的固体或液体物质或混合物；这类物质或混合物与发火液体或固体不同，只有数量很大（公斤级）并经过长时间（几小时或几天）才会燃烧。

（12）遇水放出易燃气体的物质或混合物

遇水放出易燃气体的物质或混合物是通过与水作用，容易具有自燃性或放出危险数量的易燃气体的固态或液态物质或混合物。

（13）氧化性液体

氧化性液体是本身未必燃烧，但通常因放出氧气可能引起或促使其他物质燃烧的液体。

（14）氧化性固体

氧化性固体是本身未必燃烧，但通常因放出氧气可能引起或促使其他物质燃烧的固体。

（15）有机过氧化物

有机过氧化物是含有二价—O—O—结构的液态或固态有机物质，可以看作是一个或两个氢原子被有机基替代的过氧化氢衍生物。该术语也包括有机过氧化物配方（混合物）。有机过氧化物是热不稳定物质或混合物，容易放热自加速分解。

（16）金属腐蚀物

腐蚀金属的物质或混合物是通过化学作用显著损坏或毁坏金属的物质或混合物。

2. 健康危害分类

（1）急性毒性

急性毒性是指在单剂量或在 24 小时内多剂量口服或皮肤接触一种物质，或吸入接触 4 小时之后出现的有害效应。

（2）皮肤腐蚀/刺激

皮肤腐蚀是对皮肤造成不可逆损伤，即施用试验物质达到 4 小时后，可观察到表皮和真皮坏死。特征是溃疡、出血、有血的结痂，而且在观察期 14 天结束时，皮肤、完全脱发区域和结痂处由于漂白而褪色。

（3）严重眼损伤/眼刺激

严重眼损伤是在眼前部表面施加试验物质之后，对眼部造成在施用 21 天内并不完全可逆的组织损伤，或严重的视觉物质衰退。

（4）呼吸或皮肤致敏

呼吸过敏物是吸入后会导致气管产生过敏反应的物质。皮肤过敏物是皮肤接触后会导致过敏反应的物质。

（5）生殖细胞致突变性

本危险类别涉及的主要是可能导致人类生殖细胞发生可传播给后代的突变的化学品。但是，在本危险类别内对物质和混合物进行分类时，也要考虑活体外致突变性/生殖毒性试验和哺乳动物活体内体细胞中的致突变性/生殖毒性试验。

（6）致癌性

致癌物一词是指可导致癌症或增加癌症发生率的化学物质或化学物质混合物。在实施良好的动物实验性研究中诱发良性和恶性肿瘤的物质也被认为是假定的或可疑的人类致癌物，除非有确凿证据显示该肿瘤形成机制与人类无关。

（7）吸入危险

"吸入"指液态或固态化学品通过口腔或鼻腔直接进入或者因呕吐间接进入气管和下呼吸系统。

3. 危害水生环境

（1）急性毒性

急性水生毒性是指物质对短期接触它的生物体造成伤害的固有性质。

（2）慢性毒性

慢性水生毒性是指物质在与生物体生命周期相关的接触期间对水生生物产生有害影响的潜在性质或实际性质。

■ 典型例题 ■

2013 年 8 月，某硫酸厂生产过程中三氧化硫管线上的视镜超压破裂，气态三氧化硫泄漏，现场 2 人被灼伤。三氧化硫致人伤害体现了危险化学品的（　　）。

A. 腐蚀性　　　　　B. 燃烧性　　　　　C. 毒害性　　　　　D. 放射性

【答案】A

【解析】皮肤腐蚀/刺激：皮肤腐蚀是对皮肤造成不可逆损伤，即施用试验物质达到 4 小时后，可观察到表皮和真皮坏死。特征是溃疡、出血、有血的结痂，而且在观察期 14 天结束时，皮肤、完全脱发区域和结痂处由于漂白而褪色。此灼伤为化学性灼伤，属于化学腐蚀。故选 A。

二、危险化学品反应类型

一是反应能生成可燃气体，并放出大量的热，直接引起可燃气体燃烧；二是反应后不放出可燃气体，但有大量的热释放，足以使周围的可燃物着火。遇水反应后不产生大量的有毒有害气体，主要指遇水的化学反应过程中没有大量的有毒有害气体生成，但不等于整个处置过程没有防毒要求，如燃烧产物有一定毒性，有的液体受热后易挥发，其蒸气本身有毒或固体粉尘及液体本身就有毒，仍需要加强安全防护。

1. 碱金属

主要有锂、钠、钾等，其化学反应式如下：

$$2Li + 2H_2O = 2LiOH + H_2 \uparrow;$$
$$2Na + 2H_2O = 2NaOH + H_2 \uparrow;$$
$$2K + 2H_2O = 2KOH + H_2 \uparrow;$$

这些碱金属与水反应，是剧烈的放热反应，放出的热量足以引起氢气燃烧。同时，二氧化碳也不能作为碱金属火灾的灭火剂，因为二氧化碳能与金属钠起化学反应，其化学反应方程式如下：

$$4Na + CO_2 = 2Na_2O + C$$

生成的碳原子可继续燃烧。

2. 金属粉末

主要是镁、锆、钛、铝、锌五种粉末状态的纯金属有严重的爆炸和火灾危险性，当暴露于空气中时，表面形成氧化物，这种氧化物可起保护膜作用，但遇空气中水分就会发生化学反应放出氢气，并产生热量，最初的燃烧可以触发这些金属粉末的自燃。

3. 金属有机化合物

主要有三甲基铝、二甲基镉、三异丁基铝、二乙基锌、乙基钠等。这些物质有的能在空气中自燃，与水反应会加剧燃烧，甚至会发生爆炸等。

4. 盐型碳化物

主要有碳化钙（电石）、碳化铝、碳化镁等，这些物质与水反应，发生水解，产生易燃的烃类，放出热量，足以点燃各种生成气体。

5. 碱性腐蚀品

如氢氧化钠、氢氧化钾、亚氯酸钠溶液（含有效氯大于 5%）等，遇水或潮湿空气会放出大量的热，引起周围的可燃物燃烧。

6. 过氧化物

如过氧化钾、过氧化钠遇水能剧烈反应，与大量水接触会发生爆炸，与少量水接触时极易起火；还有过氧化锶，接触少量的水，极易起火。

第四节　重大危险源辨识方法

一、重大危险源标识

危险源是引发事故的根源所在，为了对风险进行进一步控制，须要先对企业的生产作业活动中存在的危险源进行识别，此后对不同危险源危害程度进行评价。结合相关法律法规，对不容许的危险源进行确定，以此为依据制定相应管理方案，对这些不容许的危险源进行科学控制，从而达到预防的目的。

对危险化学产品危险源进行实际辨识，需站在多个方面进行深入分析，同时为辨识工作制定相对科学合理的危险源辨识方案，对化学危险品当中的危险源进行准确排查，做到防患于未然，从而为安全提供保障。对危险源进行辨识过程中，所需分析的危险因素有物理性危害因素、化学性危害因素、生物性危害因素和心理性危害因素等。

二、重大危险源辨识方法

对危险源各方面危险因素进行具体分析之后，明确评价对象，对其作业性质、危害负载程度等进行进一步研究，结合分析结果，确定科学合理的辨识方式，同时还需要对具体对象的危险源进行科学辨识。主要辨识方式有：安全检查表分析法、工作危险分析法、失效模式和影响分析法、危险和可操作性分析法、预先危险分析法、故障假设分析法。

1. 工作危险分析法。工作危险分析法的主要分析方式是人们将一项活动进行分解，使其形成几个不同步骤，然后再对每一个步骤中存在的危害及可能引发的事故作出辨识。

2. 安全检查表分析法。这种方式主要是通过试验方式进行辨识。企业需安排经验相对丰富、对试验操作步骤等均相对熟悉的人员，针对相关对象做出详细检查和分析，相应工作人员之间做出充分讨论和分析，并且罗列出相应检查项目，从中找到一般设备。采用这种方法，主要步骤如下所示：首先，构建相应的安全检查表，相应分析人员需从以下相关渠道中选出较为合适的安全检查表。如果难以找出检查表，可以借助自身经验和参考资料构建相应的检查表；其次，分析人员结合现场所观察和阅读的文件，与相关操作人员进行深入交流，阐述自身对所检查对象的理解，回答检查表中罗列的问题，从而发现系统设计、系统操作等方面的标准和规定等存在的差异。对这些差异进行深入分析，制定科学的纠正措施。

3. 危险和可操作性分析法。这种方式主要是针对工艺过程做出系统性分析和检查，明确这一过程中存在的偏差，评估是否会引发危险后果。人们可以将这种方式应用在连续或者间歇过程中，同时，可以结合拟定的操作实施科学性分析。而对危险和可操作性进行分析的这一方式，主要是以关键词作为引导，提取系统工艺过程，也可以研究状态的变化情况。此后对造成偏差的原因、后果进行进一步分析，结合分析结果制定解决对策。危险和可操作性分析法要求分析人员能够对管道仪表图、生产流程图和设计意图及参数进行分析和描述。

第五节　化学品安全技术说明书与标签编写

一、化学品安全说明书及标签概述

1. 化学品安全说明书

化学品安全技术说明书（Safety Data Sheet，简称 SDS），又称物质安全技术说明书（Material Safety Data Sheet，简称 MSDS），是化学品生产商和销售商按法律要求向客户提供的有关化学品特征的一份综合性资料，简要说明了一种化学品对人类健康和环境的危害性并提供如何安全搬运、储存和使用该化学品的信息。包括十六项内容，如下表所示：

表 1-5-1　SDS 十六项内容

项	名称	项	名称
第一部分	产品及企业标识	第九部分	理化特性
第二部分	危险性概述	第十部分	稳定性和反应性
第三部分	成分/组成信息	第十一部分	毒理学资料
第四部分	急救措施	第十二部分	生态学资料
第五部分	消防措施	第十三部分	废弃处置
第六部分	泄露应急处理	第十四部分	运输信息
第七部分	操作处置与储存	第十五部分	法规信息
第八部分	接触控制/个人防护	第十六部分	其他信息

SDS 作为传递产品安全信息基础的技术文件，是化学品登记管理重要的技术和信息来源。作为提供给用户的一项服务，生产企业应随化学商品向用户提供安全说明书，从而让用户在使用户明了化学品的有关危害，使用时能主动进行防护，起到减少职业危害和预防化学事故发生的作用，并且减少对环境的负面影响。

2. 标签

危险化学品安全标签是针对市场上流通的危险化学品而设计，用于警示其接触、使用或处置作业人员的一种信息源。它用简单明了、易于理解的文字和图形，表述有关化学品的危险特性及其安全处置的注意事项。旨在强化化学品管理、有效预防和控制化学品危害的《作业场所安全使用化学品公约》（第 170 号国际公约）第七条规定，化学品应加贴标签，提出安全使用注意事项，向作业人员传递安全信息，使经营和使用人员在接受或使用时，能加以确定或区分，以预防和减少化学危害，达到保障安全和健康的目的。

二、编写难点

1. SDS 的分类涉及二十八项较为抽象、内容又偏概念性的分类标准，分类时须综合考虑标准要求、数据运用及分类原则和判定等方面，因此编写者须掌握分类标准，以及化学、毒理学和生态学等专业的相关知识。

2. 编写的 SDS 和标签必须符合输入国家或地区的有关化学品的法律法规。因此，要熟知各国（地区）对 SDS 和标签的要求，并了解各国（地区）有关化学品的法律法规。目前，欧盟、美国、加拿大、日本、韩国、中国台湾、巴西等国家和地区均已实施 GHS（联合国《全球化学品统一分类和标签制度》，简称 GHS）并根据自己情况制定了相应的法规或标准，如下表所示：

表 1-5-2　各国/地区化学品分类和标签制度的相应法规或标准

国家/地区	法规/标准
欧盟	欧盟物质和混合物分类、标签和包装法规（1272/2008/EC、CLP 法规）
美国	危害传递标准（HCS—2012）
加拿大	危险产品法案（HPA）和管制产品法规（CPR）
日本	危害传递、标签和 SDS 标准（JIS Z7253—2012）
韩国	有害化学物质法规（TCCL）、化学品注册与评估法案（K—REACH）
中国台湾	化学品分类及标示 CNS15030 系列标准
巴西	化学品标签标准修订案（ABNT NBR 14725—3：2012）

3. 数据是危险性分类的基础，但 GHS 不要求以分类为目的而对化学品进行实验，现有的可获得数据分类时均可考虑。这就要求查阅选择数据指标时，需对数据质量和可靠性进行评估，并视具体情况对数据进行相应的换算和转换，必要时还需通过专家判断选择数据。因此，对编写者的信息收集能力及信息分析能力提出了很高的要求。

4. 相关数据库更新较快，导致物质危险性分类须及时变更。随着人们对毒理学及环境、生态方面认识的不断提高，数据或名录经常会发生变化，而且更改的时间也随认识程度的提高而加快，有的是一年更改一次化合物的接触限量值，有的是两年公布或修改一次致癌物的名录，这些都对正确编写带来了极大的困难。

######## 本章练习 ########

1. 危险化学品是指具有（　　）等性质，在生产、经营、储存、运输、使用和废弃物处置过程中，容易造成人员伤亡和财产损毁而需要特殊防护的化学品。

A. 毒害、高压、爆炸、腐蚀、辐射

B. 爆炸、易燃、毒害、腐蚀、放射性

C. 易燃、易爆、有毒、有害、高温

D. 爆炸、易燃、毒害、腐蚀、低温

【答案】B

【解析】危险化学品是指具有爆炸、易燃、毒害、腐蚀、放射性等性质，在生产、经营、储存、运输、使用和废弃物处置过程中，容易造成人身伤亡和财产损毁而需要特别防护的化学品。

2. 根据国家标准《常用化学危险品贮存通则》（GB190—2009）的规定，储存的危险化学品应有明显的标志。在同一区域储存两种或两种以上不同危险级别的危险化学品，应（　　）。

A. 按中等危险等级化学品的性能标志

B. 按最低等级危险化学品的性能标志

C. 按最高等级的危险化学品标志

D. 按同类危险化学品的性能标志

【答案】C

【解析】储存的危险化学品应有明显的标志，标志应符合《危险货物包装标志》（GB190—2009）的规定。同一区域储存两种或两种以上不同级别的危险化学品时，应按最高等级危险化学品的性能标志。

3. 氨合成的压力达到（　　）MPa属于高压环境。

A. 24　　　　　　　B. 32　　　　　　　C. 36　　　　　　　D. 42

【答案】B

【解析】氨合成的压力有的达到32MPa。

4. 按照工作温度划分，下列属于常温容器的是（　　）

A. 设计温度≤−20℃　　　　　　　　　B. 设计温度≤ −20℃～200℃

C. 设计温度≤200℃～450℃　　　　　　D. 设计温度＞450℃

【答案】B

【解析】划分标准如下所示：

低温容器：设计温度≤−20℃

常温容器：设计温度≤ −20℃～200℃

中温容器：设计温度≤200℃～450℃

高温容器：设计温度＞450℃

5. 下列属于反应容器的是（　　）。

A. 气提塔　　　　　　　　　　　B. 旋风分离器

C. 氨合成塔　　　　　　　　　　D. 板式换热器

【答案】C

【解析】按照作用原理划分如下所示：

反应容器：以化学反应为主，如氨合成塔、HCl反应器等。

换热容器：用于热交换，如列管式换热器、板式换热器等。

分离容器：用于将物料分离的容器，如气提塔、旋风分离器等。

A、B属于分离容器，D属于换热容器。故选C。

6. 下列容器中属于贮运容器的是（　　）。

A. 气提塔　　　　　　　　　　　B. 液化气罐

C. 球罐　　　　　　　　　　　　D. 槽车

E. 氨合成塔

【答案】BCD

【解析】按照作用原理划分如下所示：

反应容器：以化学反应为主，如氨合成塔、HCl反应器等。

换热容器：用于热交换，如列管式换热器、板式换热器等。

分离容器：用于将物料分离的容器，如气提塔、旋风分离器等。

贮运容器：用于贮放和搬运物料，如液化气罐、球罐、槽车等。

A选项属于分离容器，E选项属于反应容器。故选BCD。

第二章 化工过程安全生产技术

■ **考试内容及要求**

运用化工安全相关技术和标准，掌握重点监管危险化工工艺的危险特性及控制方法等知识，针对特定的化工工艺，提出工艺安全要求，识别工艺安全风险，制定并实施安全技术措施；掌握化工过程涉及的特种设备分类、检验检测、运行维护等知识；针对具体的化工设备，提出设备运行、维护、开停车等环节的安全要求，识别设备安全风险，制定并实施安全技术措施；掌握化工企业常见的电气危害及防范技术等知识；掌握化工防火防爆安全技术等知识；掌握化工过程中产生的危害类型和故障模式，针对化工过程的危害类型制定并实施安全技术措施。

第一节 重点监管危险化工工艺的特性及控制方法

一、危险化工工艺的特性及控制方法

1. 光气及光气化工工艺

光气及光气化工工艺包含光气的制备工艺，以及以光气为原料制备光气化产品的工艺路线，光气化工工艺主要分为气相和液相两种。工艺危险特点：

（1）光气为剧毒气体，在储运、使用过程中发生泄漏后，易造成大面积污染、中毒事故；

（2）反应介质具有燃爆危险性；

（3）副产物氯化氢具有腐蚀性，易造成设备和管线泄漏，使人员发生中毒事故。

安全控制的基本要求：

事故紧急切断阀；紧急冷却系统；反应釜温度、压力报警联锁；局部排风设施；有毒气体回收及处理系统；自动泄压装置；氨或碱液自动喷淋装置；光气、氯气、一氧化碳监测及超限报警；双电源供电。

2. 电解工艺（氯碱）

电流通过电解质溶液或熔融电解质时，在两个电极上所引起的化学变化称为电解反应。涉及电解反应的工艺过程为电解工艺。许多基本化学工业产品（氢气、氧气、氯气、烧碱、过氧化氢等）的制备，都是通过电解来实现的。

工艺危险特点：

（1）电解食盐水过程中产生的氢气是极易燃烧的气体，氯气是氧化性很强的剧毒气体，两种气体混合极易发生爆炸，当氯气中含氢量达到5%以上，随时可能在光照或受热情况下发生爆炸；

（2）如果盐水中存在铵盐超标，在适宜的条件（pH<4.5）下，铵盐和氯气作用可生成氯

化铵，浓氯化铵溶液与氯气还可生成黄色油状的三氯化氮。三氯化氮是一种爆炸性物质，与许多有机物接触或加热至 90℃以上及被撞击、摩擦等，即发生剧烈的分解而爆炸；

（3）电解溶液腐蚀性强；

（4）液氯的生产、储存、包装、输送、运输可能发生液氯的泄漏。

安全控制的基本要求：

电解槽温度、压力、液位、流量报警和联锁；电解供电整流装置与电解槽供电的报警和联锁；紧急联锁切断装置；事故状态下氯气吸收中和系统；可燃和有毒气体检测报警装置等。

3. 氯化工艺

氯化是在化合物分子中引入氯原子的反应，包含氯化反应的工艺过程为氯化工艺，主要包括取代氯化、加成氯化、氧氯化等。

工艺危险特点：

（1）氯化反应是一个放热过程，尤其在较高温度下进行氯化，反应更为剧烈，速度快，放热量较大；

（2）所用的原料大多具有燃爆危险性；

（3）常用的氯化剂氯气本身为剧毒化学品，氧化性强，储存压力较高，多数氯化工艺采用液氯是先汽化再氯化，一旦泄漏危险性较大；

（4）氯气中的杂质，如水、氢气、氧气、三氯化氮等，在使用中易发生危险，特别是三氯化氮积累后，容易引发爆炸危险；

（5）生成的氯化氢气体遇水后腐蚀性强；

（6）氯化反应尾气可能形成爆炸性混合物。

安全控制的基本要求：

反应釜温度和压力的报警和联锁；反应物料的比例控制和联锁；搅拌的稳定控制；进料缓冲器；紧急进料切断系统；紧急冷却系统；安全泄放系统；事故状态下氯气吸收中和系统；可燃和有毒气体检测报警装置等。

4. 硝化工艺

硝化是在有机化合物分子中引入硝基（—NO_2）的反应，最常见的是取代反应。硝化方法可分成直接硝化法、间接硝化法和亚硝化法，分别用于生产硝基化合物、硝胺、硝酸酯和亚硝基化合物等。涉及硝化反应的工艺过程为硝化工艺。

工艺危险特点：

（1）反应速度快，放热量大。大多数硝化反应是在非均相中进行的，反应组分的不均匀分布容易引起局部过热导致危险。尤其在硝化反应开始阶段，停止搅拌或由于搅拌叶片脱落等造成搅拌失效是非常危险的，一旦搅拌再次开动，就会突然引发局部激烈反应，瞬间释放大量的热量，引起爆炸事故；

（2）反应物料具有燃爆危险性；

（3）硝化剂具有强腐蚀性、强氧化性，与油脂、有机化合物（尤其是不饱和有机化合物）接触能引起燃烧或爆炸；

（4）硝化产物、副产物具有爆炸危险性。

安全控制的基本要求：

反应釜温度的报警和联锁；自动进料控制和联锁；紧急冷却系统；搅拌的稳定控制和联锁

系统；分离系统温度控制与联锁；塔釜杂质监控系统；安全泄放系统等。

5. 合成氨工艺

氮气和氢气两种组分按一定比例（1∶3）组成的气体（合成气），在高温、高压下（一般为 400℃～450℃，15MPa～30MPa），经催化反应生成氨的工艺过程，称为合成氨工艺。

工艺危险特点：

（1）高温、高压使可燃气体爆炸极限扩宽，气体物料一旦过氧（亦称透氧），极易在设备和管道内发生爆炸；

（2）高温、高压气体物料从设备管线泄漏时会迅速膨胀，与空气混合形成爆炸性混合物，遇到明火或因高流速物料与裂（喷）口处摩擦产生静电火花引起着火和空间爆炸；

（3）气体压缩机等转动设备在高温下运行会使润滑油挥发裂解，在附近管道内造成积碳，可导致积碳燃烧或爆炸；

（4）高温、高压可加速设备金属材料发生蠕变，改变金相组织，还会加剧氢气、氮气对钢材的氢蚀及渗氮，加剧设备的疲劳腐蚀，使其机械强度减弱，引发物理爆炸；

（5）液氨大规模事故性泄漏会形成低温云团，引起大范围人群中毒，遇明火还会发生空间爆炸。

安全控制的基本要求：

合成氨装置温度、压力报警和联锁；物料比例控制和联锁；压缩机的温度、入口分离器液位、压力报警联锁；紧急冷却系统；紧急切断系统；安全泄放系统；可燃、有毒气体检测报警装置。

6. 裂解（裂化）工艺

裂解是指石油系的烃类原料在高温条件下，发生碳链断裂或脱氢反应，生成烯烃及其他产物的过程。产品以乙烯、丙烯为主，同时副产丁烯、丁二烯等烯烃和裂解汽油、柴油、燃料油等产品。

烃类原料在裂解炉内进行高温裂解，产出组成为氢气、低/高碳烃类、芳烃类，以及馏分为 288℃以上的裂解燃料油的裂解气混合物。经过急冷、压缩、激冷、分馏，以及干燥和加氢等方法，分离出目标产品和副产品。

在裂解过程中，同时伴随缩合、环化和脱氢等反应。由于所发生的反应很复杂，通常把反应分成两个阶段。第一阶段，原料变成的目的产物为乙烯、丙烯，这种反应称为一次反应。第二阶段，一次反应生成的乙烯、丙烯继续反应转化为炔烃、二烯烃、芳烃、环烷烃，甚至最终转化为氢气和焦炭，这种反应称为二次反应。裂解产物往往是多种组分混合物。影响裂解的基本因素主要为温度和反应的持续时间。化工生产中用热裂解的方法生产小分子烯烃、炔烃和芳香烃，如乙烯、丙烯、丁二烯、乙炔、苯和甲苯等。

工艺危险特点：

（1）在高温（高压）下进行反应，装置内的物料温度一般超过其自燃点，若漏出会立即引起火灾；

（2）炉管内壁结焦会使流体阻力增加，影响传热，当焦层达到一定厚度时，因炉管壁温度过高，而不能继续运行下去，必须进行清焦，否则会烧穿炉管，裂解气外泄，引起裂解炉爆炸；

（3）由于断电或引风机机械故障而使引风机突然停转，炉膛内很快变成正压，会从窥视孔或烧嘴等处向外喷火，严重时会引起炉膛爆炸；

（4）如果燃料系统大幅度波动，燃料气压力过低，则可能造成裂解炉烧嘴回火，使烧嘴烧坏，甚至会引起爆炸；

（5）有些裂解工艺产生的单体会自聚或爆炸，须要向产生的单体中加阻聚剂或稀释剂等。

安全控制的基本要求：

裂解炉进料压力、流量控制报警与联锁；紧急裂解炉温度报警和联锁；紧急冷却系统；紧急切断系统；反应压力与压缩机转速及入口放火炬控制；再生压力的分程控制；滑阀差压与料位；温度的超驰控制；再生温度与外取热器负荷控制；外取热器汽包和锅炉汽包液位的三冲量控制；锅炉的熄火保护；机组相关控制；可燃与有毒气体检测报警装置等。

7. 氟化工艺

氟化是在化合物的分子中引入氟原子的反应，涉及氟化反应的工艺过程为氟化工艺。氟气与有机化合物作用是强放热反应，放出大量的热可使反应物分子结构遭到破坏，甚至着火爆炸。氟化剂通常为氟气、卤族氟化物、惰性元素氟化物、高价金属氟化物、氟化氢、氟化钾等。

工艺危险特点：

（1）反应物料具有燃爆危险性；

（2）氟化反应为强放热反应，不及时排除反应热量，易导致超温超压，引发设备爆炸事故；

（3）多数氟化剂具有强腐蚀性、剧毒性，在生产、储存、运输、使用等过程中，容易因泄漏、操作不当、误接触及其他意外而造成危险。

安全控制的基本要求：

反应釜内温度和压力与反应进料、紧急冷却系统的报警和联锁；搅拌的稳定控制系统；安全泄放系统；可燃和有毒气体检测报警装置等。

8. 加氢工艺

加氢是在有机化合物分子中加入氢原子的反应，涉及加氢反应的工艺过程为加氢工艺，主要包括不饱和键加氢、芳环化合物加氢、含氮化合物加氢、含氧化合物加氢、氢解等。

工艺危险特点：

（1）反应物料具有燃爆危险性，氢气的爆炸极限为 $4\%\sim75\%$，具有高燃爆危险特性；

（2）加氢为强烈的放热反应，氢气在高温高压下与钢材接触，钢材内的碳易与氢气发生反应生成碳氢化合物，使钢质设备强度降低，发生氢脆；

（3）催化剂再生和活化过程中易引发爆炸；

（4）加氢反应尾气中未完全反应的氢气和其他杂质在排放时易引发着火或爆炸。

安全控制的基本要求：

温度和压力的报警和联锁；反应物料的比例控制和联锁系统；紧急冷却系统；搅拌的稳定控制系统；氢气紧急切断系统；加装安全阀、爆破片等安全设施；循环氢压缩机停机报警和联锁；氢气检测报警装置等。

■ 典型例题 ■

化工生产中的加氢裂化是在高温高压下进行的，加氢裂化装置类型较多。下列关于加氢裂化过程存在的危险和控制方法的说法，不正确的是（ ）。

A. 氢气在高压下与钢接触，会提高钢的强度

B. 要防止油品和氢气的泄漏，以避免发生火灾爆炸

C. 加热炉要平稳操作，防止局部过热，烧穿炉管

D. 反应器必须通冷氢以控制温度

【答案】A

【解析】加氢工艺的危险性：

（1）反应物料具有燃爆危险性，氢气的爆炸极限为 4％～75％，具有高燃爆危险特性；

（2）加氢为强烈的放热反应，氢气在高温高压下与钢材接触，钢材内的碳易与氢气发生反应生成碳氢化合物，使钢制设备强度降低，发生氢脆；

（3）催化剂再生和活化过程中易引发爆炸；

（4）加氢反应尾气中未完全反应的氢气和其他杂质在排放时易引发着火或爆炸。

9. 重氮化工艺

一级胺与亚硝酸在低温下作用，生成重氮盐的反应为重氮化反应。脂肪族、芳香族和杂环的一级胺都可以进行重氮化反应。涉及重氮化反应的工艺过程为重氮化工艺。通常重氮化试剂是由亚硝酸钠和盐酸作用临时制备的。除盐酸外，也可以使用硫酸、高氯酸和氟硼酸等无机酸。脂肪族重氮盐很不稳定，即使在低温下也能迅速自发分解，芳香族重氮盐较为稳定。

工艺危险特点：

（1）重氮盐在温度稍高或光照的作用下，特别是含有硝基的重氮盐极易分解，有的甚至在室温时亦能分解。在干燥状态下，有些重氮盐不稳定，活性强，受热或受到摩擦、撞击等作用能发生分解甚至爆炸；

（2）重氮化生产过程所使用的亚硝酸钠是无机氧化剂，175℃时能发生分解，与有机物反应导致着火或爆炸；

（3）反应原料具有燃爆危险性。

安全控制的基本要求：

反应釜温度和压力的报警和联锁；反应物料的比例控制和联锁系统；紧急冷却系统；紧急停车系统；安全泄放系统；后处理单元配置温度监测、惰性气体保护的联锁装置等。

10. 氧化工艺

氧化为有电子转移的化学反应中失电子的过程，即氧化数升高的过程。多数有机化合物的氧化反应表现为反应原料得到氧或失去氢。涉及氧化反应的工艺过程为氧化工艺。常用的氧化剂有：空气、氧气、双氧水、氯酸钾、高锰酸钾、硝酸盐等。

工艺危险特点：

（1）反应原料及产品具有燃爆危险性；

（2）反应气相组成容易达到爆炸极限，具有闪爆危险；

（3）部分氧化剂具有燃爆危险性，如氯酸钾、高锰酸钾、铬酸酐等都属于氧化剂，如遇高

温或受撞击、摩擦，以及与有机物、酸类接触，皆能引起火灾爆炸；

（4）产物中易生成过氧化物，过氧化物化学稳定性差，受高温、摩擦或撞击作用易分解、燃烧或爆炸。

安全控制的基本要求：

反应釜温度和压力的报警和联锁；反应物料的比例控制和联锁及紧急切断动力系统；紧急断料系统；紧急冷却系统；紧急送入惰性气体的系统；气相氧含量监测、报警和联锁；安全泄放系统；可燃和有毒气体检测报警装置等。

11. 过氧化工艺

向有机化合物分子中引入过氧基（—O—O—）的反应称为过氧化反应，得到的产物为过氧化物的工艺过程为过氧化工艺。

工艺危险特点：

（1）过氧化物都含有过氧基（—O—O—），属含能物质，由于过氧键结合力弱，断裂时所需的能量不大，对热、振动、冲击或摩擦等都极为敏感，极易分解甚至爆炸；

（2）过氧化物与有机物、纤维接触时易发生氧化，产生火灾；

（3）反应气相组成容易达到爆炸极限，具有燃爆危险。

安全控制的基本要求：

反应釜温度和压力的报警和联锁；反应物料的比例控制和联锁及紧急切断动力系统；紧急断料系统；紧急冷却系统；紧急送入惰性气体的系统；气相氧含量监测、报警和联锁；紧急停车系统；安全泄放系统；可燃和有毒气体检测报警装置等。

12. 胺基化工艺

胺化是在分子中引入胺基（R_2N—）的反应，包括 $R—CH_3$ 烃类化合物（R：氢、烷基、芳基），在催化剂存在下，与氨和空气的混合物进行高温氧化反应，生成腈类等化合物的反应。涉及上述反应的工艺过程为胺基化工艺。

工艺危险特点

（1）反应介质具有燃爆危险性；

（2）在常压下 20℃时，氨气的爆炸极限为 15%～27%，随着温度、压力的升高，爆炸极限的范围增大。因此，在一定的温度、压力和催化剂的作用下，氨的氧化反应放出大量热，一旦氨气与空气比失调，就可能发生爆炸事故；

（3）由于氨呈碱性，具有强腐蚀性，在混有少量水分或湿气的情况下，无论是气态或液态氨都会与铜、银、锡、锌及其合金发生化学作用；

（4）氨易与氧化银或氧化汞反应生成爆炸性化合物（雷酸盐）。

安全控制的基本要求：

反应釜温度和压力的报警和联锁；反应物料的比例控制和联锁系统；紧急冷却系统；气相氧含量监控联锁系统；紧急送入惰性气体的系统；紧急停车系统；安全泄放系统；可燃和有毒气体检测报警装置等。

13. 磺化工艺

磺化是向有机化合物分子中引入磺酰基（—SO_3H）的反应。磺化方法分为三氧化硫磺化法、共沸去水磺化法、氯磺酸磺化法、烘焙磺化法和亚硫酸盐磺化法等。涉及磺化反应的工艺过程为磺化工艺。磺化反应除了增加产物的水溶性和酸性外，还可以使产品具有表面活性。芳烃经磺化后，其中的磺酸基可进一步被其他基团［如羟基（—OH）、氨基（—NH₂）、氰基（—CN）等］取代，生产多种衍生物。

工艺危险特点：

（1）原料具有燃爆危险性；磺化剂具有氧化性、强腐蚀性；投料顺序颠倒、投料速度过快、搅拌不良、冷却效果不佳等，都有可能造成反应温度异常升高，使磺化反应变为燃烧反应，引起火灾或爆炸事故；

（2）氧化硫易冷凝堵管，泄漏后易形成酸雾，危害较大。

安全控制的基本要求：

反应釜温度的报警和联锁；搅拌的稳定控制和联锁系统；紧急冷却系统；紧急停车系统；安全泄放系统；三氧化硫泄漏监控报警系统等。

14. 聚合工艺

聚合是一种或几种小分子化合物变成大分子化合物（也称高分子化合物或聚合物，通常分子量为 $1 \times 10^4 \sim 1 \times 10^7$）的反应，涉及聚合反应的工艺过程为聚合工艺。聚合工艺的种类很多，按聚合方法可分为本体聚合、悬浮聚合、乳液聚合、溶液聚合等。

工艺危险特点：

（1）聚合原料具有自聚和燃爆危险性；

（2）如果反应过程中热量不能及时移出，随物料温度上升，发生裂解和暴聚，所产生的热量使裂解和暴聚过程进一步加剧，进而引发反应器爆炸；

（3）部分聚合助剂危险性较大。

安全控制的基本要求：

反应釜温度和压力的报警和联锁；紧急冷却系统；紧急切断系统；紧急加入反应终止剂系统；搅拌的稳定控制和联锁系统；料仓静电消除、可燃气体置换系统，可燃和有毒气体检测报警装置；高压聚合反应釜设有防爆墙和泄爆面等。

15. 烷基化工艺

把烷基引入有机化合物分子中的碳、氮、氧等原子上的反应称为烷基化反应。涉及烷基化反应的工艺过程为烷基化工艺，可分为C—烷基化反应、N—烷基化反应、O—烷基化反应等。

工艺危险特点：

（1）反应介质具有燃爆危险性；

（2）烷基化催化剂具有自燃危险性，遇水剧烈反应，放出大量热量，容易引起火灾甚至爆炸；

（3）烷基化反应都是在加热条件下进行，原料、催化剂、烷基化剂等加料次序颠倒、加料速度过快或者搅拌中断停止等异常现象容易引起局部剧烈反应，造成跑料，引发火灾或爆炸事故。

安全控制的基本要求：

反应物料的紧急切断系统；紧急冷却系统；安全泄放系统；可燃和有毒气体检测报警装置等。

第二节　特种设备的分类、检测及维护

一、特种设备的分类和定义

1. 压力容器

盛装气体或者液体，承载一定压力的密闭设备，其范围规定为最高工作压力大于或者等于0.1MPa（表压），且压力与容积的乘积大于或者等于2.5MPa·L的气体、液化气体，和最高工作温度高于或者等于标准沸点的液体的固定式容器和移动式容器；盛装公称工作压力大于或者等于0.2MPa（表压），且压力与容积的乘积大于或者等于1.0MPa·L的气体、液化气体，和标准沸点等于或者低于60℃液体的气瓶、氧舱等。

2. 压力管道

利用一定的压力、用于输送气体或者液体的管状设备，其范围规定为最高工作压力大于或者等于0.1MPa（表压），介质为气体、液化气体、蒸汽或者可燃、易爆、有毒、有腐蚀性、最高工作温度高于或者等于标准沸点的液体，且公称直径大于50毫米的管道。公称直径小于150毫米，且其最高工作压力小于1.6MPa（表压）的输送无毒、不可燃、无腐蚀性气体的管道和设备本体所属管道除外。

3. 起重机械

用于垂直升降或者垂直升降并水平移动重物的机电设备，其范围规定为额定起重量大于或者等于0.5t的升降机；额定起重量大于或者等于3t（或额定起重力矩大于或者等于40t·m的塔式起重机，或生产率大于或者等于300t/h的装卸桥），且提升高度大于或者等于2米的起重机；层数大于或者等于2层的机械式停车设备。

4. 厂内机动车辆

是指除道路交通、农用车辆以外，仅在工厂厂区、旅游景区、游乐场所等特定区域使用的专用机动车辆。

5. 特种设备包括其附属的安全附件、安全保护装置和与安全保护装置相关的设施。

二、特种设备的检验检测

特种设备检验检测机构是指从事特种设备定期检验、监督检验、型式试验、无损检测等检验检测活动的技术机构，包括综合检验机构、型式试验机构、无损检测机构、气瓶检验机构。

从事监督检验、定期检验的特种设备检验机构，以及为特种设备生产、经营、使用提供检测服务的特种设备检测机构，应当具备下列条件，并经负责特种设备安全监督管理的部门核准，方可从事检验、检测工作：

（1）有与检验、检测工作相适应的检验、检测人员；

（2）有与检验、检测工作相适应的检验、检测仪器和设备；

（3）有健全的检验、检测管理制度和责任制度。

特种设备检验、检测机构的检验、检测人员应当经考核，取得检验、检测人员资格，方可从事检验、检测工作。特种设备检验、检测机构的检验、检测人员不得同时在两个以上检验、检测机构中执业；变更执业机构的，应当依法办理变更手续。

特种设备检验、检测工作应当遵守法律、行政法规的规定，并按照安全技术规范的要求进行。特种设备检验、检测机构及其检验、检测人员应当依法为特种设备生产、经营、使用单位提供安全、可靠、便捷、诚信的检验、检测服务。

特种设备检验、检测机构及其检验、检测人员应当客观、公正、及时地出具检验、检测报告，并对检验、检测结果和鉴定结论负责。特种设备检验、检测机构及其检验、检测人员在检验、检测中发现特种设备存在严重事故隐患时，应当及时告知相关单位，并立即向负责特种设备安全监督管理的部门报告。负责特种设备安全监督管理的部门应当组织对特种设备检验、检测机构的检验、检测结果和鉴定结论进行监督抽查，但应当防止重复抽查。监督抽查结果应当向社会公布。

特种设备生产、经营、使用单位应当按照安全技术规范的要求向特种设备检验、检测机构及其检验、检测人员提供特种设备相关资料和必要的检验、检测条件，并对资料的真实性负责。

特种设备检验、检测机构及其检验、检测人员对检验、检测过程中知悉的商业秘密，负有保密义务。特种设备检验、检测机构及其检验、检测人员不得从事有关特种设备的生产、经营活动，不得推荐或者监制、监销特种设备。

特种设备检验机构及其检验人员利用检验工作故意刁难特种设备生产、经营、使用单位的，特种设备生产、经营、使用单位有权向负责特种设备安全监督管理的部门投诉，接到投诉的部门应当及时进行调查处理。

分级而言，特种设备点检分为三级点检：（1）岗位巡检人员每班巡检，依照点检项目对设备进行巡检，巡回检查发现的问题要及时处理，并将检查结果记入特种设备的设备技术档案；对无法处理的问题要以书面形式逐级上报，并做好相关的记录和标示，交班时要将问题交接清楚。（2）分厂管理人员每周点检，点检内容按照点检项目要求进行，并要经常询问岗位人员对特种设备的巡回检查情况，并对岗位巡检记录抽查，以保证岗位巡回检查制度的实施。（3）公司管理人员每月点检，点检内容按照点检项目要求进行，并对分厂点检和岗位点检进行抽查。

三、特种设备的运行维护

特种设备使用单位应当使用取得生产许可并经检验合格的特种设备。禁止使用国家明令淘汰和已经报废的特种设备。

特种设备使用单位应当在特种设备投入使用前或者投入使用后 30 日内，向负责特种设备安全监督管理的部门办理使用登记，取得使用登记证书。登记标志应当置于该特种设备的显著位置。

特种设备使用单位应当建立岗位责任、隐患治理、应急救援等安全管理制度，制定操作规程，保证特种设备安全运行。特种设备使用单位应当建立特种设备安全技术档案。安全技术档案应当包括以下内容：（1）特种设备的设计文件、产品质量合格证明、安装及使用维护保养说明、监督检验证明等相关技术资料和文件；（2）特种设备的定期检验和定期自行检查记录；（3）特种设备的日常使用状况记录；（4）特种设备及其附属仪器仪表的维护保养记录；（5）特种设备的运行故障和事故记录。

电梯、客运索道、大型游乐设施等为公众提供服务的特种设备的运营使用单位，应当对特种设备的使用安全负责，设置特种设备安全管理机构或者配备专职的特种设备安全管理人员；其他特种设备使用单位，应当根据情况设置特种设备安全管理机构或者配备专职、兼职的特种设备安全管理人员。

特种设备的使用应当具有规定的安全距离、安全防护措施。与特种设备安全相关的建筑物、附属设施，应当符合有关法律、行政法规的规定。

特种设备属于共有的，共有人可以委托物业服务单位或者其他管理人管理特种设备，受托人履行本法规定的特种设备使用单位的义务，承担相应责任。共有人未委托的，由共有人或者实际管理人履行管理义务，承担相应责任。

特种设备使用单位应当对其使用的特种设备进行经常性维护保养和定期自行检查，并作出记录。特种设备使用单位应当对其使用的特种设备的安全附件、安全保护装置进行定期校验、检修，并作出记录。

特种设备使用单位应当按照安全技术规范的要求，在检验合格有效期届满前一个月向特种设备检验机构提出定期检验要求。特种设备检验机构接到定期检验要求后，应当按照安全技术规范的要求及时进行安全性能检验。特种设备使用单位应当将定期检验标志置于该特种设备的显著位置。未经定期检验或者检验不合格的特种设备，不得继续使用。

特种设备安全管理人员应当对特种设备使用状况进行经常性检查，发现问题应当立即处理；情况紧急时，可以决定停止使用特种设备并及时报告本单位有关负责人。特种设备作业人员在作业过程中发现事故隐患或者其他不安全因素，应当立即向特种设备安全管理人员和单位有关负责人报告；特种设备运行不正常时，特种设备作业人员应当按照操作规程采取有效措施保证安全。

特种设备出现故障或者发生异常情况时，特种设备使用单位应当对其进行全面检查，消除事故隐患，方可继续使用。

锅炉使用单位应当按照安全技术规范的要求进行锅炉水（介）质处理，并接受特种设备检验机构的定期检验。从事锅炉清洗，应当按照安全技术规范的要求进行，并接受特种设备检验机构的监督检验。

对特种设备进行改造、修理，按照规定需要变更使用登记的，应当办理变更登记，方可继续使用。

特种设备存在严重事故隐患，无改造、修理价值，或者达到安全技术规范规定的其他报废条件的，特种设备使用单位应当依法履行报废义务，采取必要措施消除该特种设备的使用功能，并向原登记的负责特种设备安全监督管理的部门办理使用登记证书注销手续。规定报废条件以外的特种设备，达到设计使用年限可以继续使用的，应当按照安全技术规范的要求通过检验或者安全评估，并办理使用登记证书变更，方可继续使用。允许继续使用的，应当采取加强检验、检测和维护保养等措施，确保使用安全。

移动式压力容器、气瓶充装单位，应当具备下列条件，并经负责特种设备安全监督管理的部门许可，方可从事充装活动：（1）有与充装和管理相适应的管理人员和技术人员；（2）有与充装和管理相适应的充装设备、检测手段、场地厂房、器具、安全设施；（3）有健全的充装管理制度、责任制度、处理措施。充装单位应当建立充装前后的检查、记录制度，禁止对不符合安全技术规范要求的移动式压力容器和气瓶进行充装。气瓶充装单位应当向气体使用者提供符合安全技术规范要求的气瓶，对气体使用者进行气瓶安全使用指导，并按照安全技术规范的要求办理气瓶使用登记，及时申报定期检验。

■ 典型例题 ■

1. 特种设备中，压力管道是指公称直径＞50 毫米并利用一定的压力输送气体或者液体的管道。下列介质中，必须应用压力管道输送的是（　　　）。

A. 最高工作压力＜0.1MPa（表压）的气体

B. 有腐蚀性、最高工作温度低于标准沸点的液化气体

C. 最高工作温度低于标准沸点的液体

D. 有腐蚀性、最高工作温度高于或者等于标准沸点的液体

【答案】D

【解析】利用一定的压力，用于输送气体或者液体的管状设备，其范围规定为最高工作压力大于或者等于 0.1MPa（表压）的气体、液化气体、蒸汽介质或者可燃、易爆、有毒、有腐蚀性、最高工作温度高于或者等于标准沸点的液体介质，且公称直径大于 50 毫米的管道。

2. 根据《特种设备安全监察条例》，下列设备中，属于特种设备的是（　　　）。

A. 挖掘机 　　　　　　　　　B. 大型车床

C. 铁路机车 　　　　　　　　D. 汽车起重机

【答案】D

【解析】特种设备依据其主要工作特点，分为承压类特种设备和机电类特种设备。

1. 承压类特种设备：是指承载一定压力的密闭设备或管状设备，包括锅炉、压力容器（含气瓶）、压力管道。

2. 机电类特种设备：是指必须由电力牵引或驱动的设备，包括电梯、起重机械、客运索道、大型游乐设施、场（厂）内专用机动车辆。

第三节　常见的电气危害及防火防爆等知识

一、化工企业常见的电气危害

电气火灾爆炸在化工厂中的成因：

化工厂中进行化工作业需要用到很多的电气设备，这些电气设备在工作时容易产生一定的热能，导致设备的发热问题，而电气设备可以承受的热量是在有限的范围内，当电气设备所承受的热量超过其所应承受的范围时，电气设备内部的元件就容易被损坏甚至烧毁，内部的部分导体一旦受热，达到一定程度时，就容易引起火灾甚至爆炸现象的发生，这种情况会给化工厂带来巨大的损失。

电气设备发热现象产生的原因有：

1. 流过电气导体中的电流值比原定的电流值大，就会造成设备的过载现象，一般情况下，不会造成太大的影响，但如果这种情况长时间发生，就会使电气设备过度发热，从而导致火灾

甚至爆炸；

2. 电气设备经常会发生短路现象，短路现象造成电路中的电流增大，温度也随之升高，达到周围易燃易爆物品的燃烧点或者爆炸点就会引起火灾；

3. 电气设备经过长时间的应用，容易造成部分损伤，损伤的部位有可能发生漏电，长时间的漏电也容易引起火灾及爆炸的发生。

二、电气防火防爆安全的对策

化工厂中的电气很容易引起爆炸或火灾等问题，化工人员需要对不同的电气火灾爆炸问题采取相应的措施，对电气设备加以防护，减少火灾爆炸隐患问题的发生。下面对不同的电气火灾爆炸问题进行研究：

1. 应用防火防爆的电气设施

化工厂在选择电气设备时，应该尽量选取防火防爆的电气设备，并将容易摩擦产生火花的电气设备放置在较为隔离并且不易引起爆炸的地方，使其远离易燃物品。这样即使电气设备发生火灾或者爆炸，也不会牵连到其他的电气设备，不会造成更大的财产损失或者人员伤亡。在检测到有火灾隐患时，应该尽量减少对发热电气设备的使用率。如果在特殊的情况下，必须选用发热电气设备时，需要将电气设备用隔热板隔离。对于防火防爆电气设备的选用，应该首先检查设备的防火防爆证书，在确保电气设备合格后再进行使用。选择防火防爆电气设备时，应该选择安全系数高、防火防爆性能好的电气设备，电气设备还需要具有防腐、防潮、防冻的性能。

2. 选择防火防爆的电气设备线路

在选用防火防爆电气设备的线路时，需要做到以下几点要求：

（1）化工厂中有很多的易燃易爆化工物品与材料，这使得化工厂中的电气设备线路在发热时容易引起重大的火灾。因此，工作人员应该尽量将电气设备的线路放置在远离易燃易爆物品的地方，有的甚至有必要将设备的线路进行隔离；

（2）在选择电气设备的线路时应该首选绝缘材料制成的电线，以防止线路导电现象的发生；

（3）电气设备的电线中间一般不需要进行连接，在必须连接的时候，需要应用焊接或压接的方法以保证电路的完整性，这样可以有效地预防部分发热。在电气设施和电气电线相连通时，需要应用过渡连接线将二者连接起来，尤其当材质是铜线和铝线时，更需要采用过渡连接线进行连接。

3. 使电气设备和电线线路在正常的情况下运行

电气设备若要在安全的情况下运行，需要使电线线路中的电流、电压及温度等保持在电气线路允许的程度上，只有影响电气设备的因素在正常的范围内，电气设备才会正常运行。除此之外，电气设备的影响因素还有其绝缘性能、电线与电线之间的连接是否良好，以及设备的完整性、保证电气设备在完好无损伤的情况下被化工厂使用，等等。

影响电气设备性能的因素有很多，主要有电流、电压、温度等。化工厂需要保证在使用电气设备时，这些决定因素维持在合理的范围内，使电气设备可以正常工作。

▣ 典型例题 ▣

电气设备发热现象产生的原因中不包括（　　）。

A. 流过电气导体中的电流值比原定的电流值大

B. 电气设备经常会发生短路现象

C. 电气设备线路部分有损伤

D. 电气设备正常状态下运行

【答案】D

【解析】电气设备发热现象产生的原因有：

1. 流过电气导体中的电流值比原定的电流值大，就会造成设备的过载现象，一般情况下不会造成太大的影响，但如果这种情况长时间发生，就会使电气设备过度发热，从而导致火灾甚至爆炸；

2. 电气设备经常会发生短路现象，短路现象造成电路中的电流增大，温度也随之升高，达到周围易燃易爆物品的燃烧点或者爆炸点就会引起火灾；

3. 电气设备经过长时间的应用，容易造成部分损伤，损伤的部位有可能发生漏电，长时间的漏电也容易引起火灾及爆炸的发生。

电气设备在正常状态下运行，不会造成设备发热。故选D。

第四节　工艺安全要求与技术实施

一、化工工艺风险识别与安全评价的重要性

在化工行业发展的过程中，将化工工艺根据其自身性质进行分类，其中危险化工工艺是人们在进行化工生产时应重点关注的方面。这主要是由于危险化工工艺所涉及的化工原材料具有较为敏感的化学性质，同时大多含有易燃易爆物质，因此在进行危险化工工艺流程操作时应加倍重视，避免操作过程中出现偏差带来无法弥补的安全事故，威胁到人们的生命安全。人员中毒、毒气泄漏是比较常见的危险化工工艺操作失败所导致的安全问题，所以人们在进行实际操作时应先对化工工艺的危险性进行判断，在操作的过程中还应做到谨慎再谨慎，只有这样才能确保化学工艺的顺利进行和安全进行。

二、风险识别方式

1. 国内外对化工风险的识别

所谓的化工风险识别是对化工工艺安全性能的判断，所以化工行业在进行风险识别时应选择专业的风险识别团队，应对化工生产过程中所需要使用的设备及工艺等进行安全检验。随着全球经济一体化的发展，各国都加大了对化工工艺的研究力度并扩大了化学工艺的研究范围，研发出了更多的高新技术，因此，对化学工艺进行进一步的研发可以有效地提升国家的综合发展实力，更能为国家的发展与建设提供强劲的动力。

2. 制定完善的化学工艺风险识别规范

化学工艺与科技的发展、人们的生活均有很大的关联性，因此，国家应制定出统一的化工

工艺风险识别标准与规范。在制订风险识别标准与规范时会涉及不同的知识，如掌握不好会导致标准与规范不完善，因此，可以将别国的化工工艺风险识别规范作为借鉴，以确保我国的规范更加完善。在制订相关规范时应从源头即化工原材料抓起，控制风险的最初来源，进而确保我国所制定的化工工艺管理规范的准确度、完善性与安全性。合理、完善的化工工艺风险识别规范可以更好地完善我国化工工艺研发体系，并为人们的日常生活生产提供便利。

三、我国化工工艺安全体系标准

我国的工艺安全体系发展起步较晚，改革开放以来，我国工艺水平有了很大的提高，化工行业得到蓬勃发展，但是，也发生了很多安全管理事故。为了有效遏制化学事故的发生，国家安全生产监督管理总局规定了《危险化学品从业单位安全标准化通用规范》（AQ3013—2008），明确了高危化学品生产使用企业实行工艺安全标准化的总体原则、过程及要求。它被使用于指导高危化学品生产和使用单位安全标准化系列的编制和实施，适用于国内高危化学品生产、储存和使用的企业。

四、化工工艺安全评价措施

1. 确保化工工艺设备的安全性

在进行化工工艺操作时，实际的操作人员应熟练地掌握操作流程，并应当严格按照流程进行操作，同时保证各个环节都可以紧密衔接。在进行整个化工工艺操作时人是主体，更是安全生产的关键，确保人员可以安全地操作设备就可以有效地防止安全事故的发生，所以，在实际操作过程中不仅要确保人员可以正确操作化工工艺流程，还要对设备的安全性能进行检验与控制，进而确保化工工艺安全评价的准确性。在化工工艺流程操作的过程中，操作人员应关注设备的传热性与发热性是否稳定，只有确保其稳定性才能避免安全事故的发生。

2. 确保化工原材料的安全性

在进行化工工艺安全评价时，相关的研究人员可以对化工原材料的安全性进行评价，从源头进行安全把控。在进行化工工艺操作时操作人员首先应对原材料的性能进行判断，并对操作过程中可能会产生的安全风险进行规避，构建起一个安全的化工工艺操作环节。

3. 确保防护工具的安全性

在进行化工工艺操作时，防护工作可以有效地保证操作人员人身安全。在进行化工工艺操作时压力、温度等会发生变化，甚至还会涉及很多有毒有害、腐蚀性较强的化学材料，这些情况都会给人带来不适反应。保证防护工具的安全性可以在很大程度上保证操作人员的人身安全，确保操作流程可以顺利进行，因此，也应将防护工具列入化工工艺安全评价体系中。进一步完善化工工艺安全操作的标准，并对操作中因防护工具佩戴不当所引起的突发事件提供完整的解决方案，以此来保证化工工艺操作过程的安全性，为操作人员构建起安全的工作环境。

///// **本章练习** /////

1. 为防止压力容器发生爆炸和泄漏事故，在设计上，应采用合理的结构，如全焊透结构、能自由膨胀结构等，以避免应力集中、几何突变。针对设备使用情况，在强度计算及安全阀排量计算符合标准的前提下，应选用塑性和（　　）较好的材料。

A. 刚度　　　　　　B. 脆性　　　　　　C. 韧性　　　　　　D. 压力

【答案】C

【解析】在设计上，应采用合理的结构，如采用全焊透结构，能自由膨胀等，避免应力集中、几何突变。针对设备使用工况，选用塑性、韧性较好的材料。

2. 按照《特种设备安全监察条例》中关于特种设备的定义，特种设备应包括锅炉、压力容器、压力管道等类设备。下列设备中，不属于特种设备的是（　　）。

A. 旅游景区观光车辆　　　　　　　　B. 建筑工地升降机

C. 场（厂）内专用机动车辆　　　　　D. 浮顶式原油储罐

【答案】D

【解析】《特种设备安全监察条例》规定，特种设备是指涉及生命安全、危险性较大的锅炉、压力容器（含气瓶）、压力管道、电梯、起重机械、客运索道、大型游乐设施和场（厂）内专用机动车辆。

3. 起重机械是额定起重量大于或者等于1t，且提升高度大于或者等于（　　）的起重机和承重形式固定的电动葫芦等。

A. 0.5米　　　　　B. 1米　　　　　C. 1.5米　　　　　D 2米

【答案】D

【解析】起重机械是指用于垂直升降或者垂直升降并水平移动重物的机电设备，其范围规定为额定起重量大于或者等于0.5t的升降机；额定起重量大于或者等于1t，且提升高度大于或者等于2m的起重机和承重形式固定的电动葫芦等。故选D。

4. 石油系的烃类原料在高温条件下，发生碳链断裂或脱氢反应，生成烯烃及其他产物的过程属于（　　）。

A. 电解工艺　　　　　　　　　　　　B. 氯化工艺

C. 裂解工艺　　　　　　　　　　　　D. 加氢工艺

【答案】C

【解析】A 选项电解工艺：电流通过电解质溶液或熔融电解质时，在两个电极上所引起的化学变化称为电解反应。

B 选项氯化工艺：氯化是在化合物分子中引入氯原子的反应，包含氯化反应的工艺过程为氯化工艺。

C 选项裂解工艺：裂解是指石油系的烃类原料在高温条件下，发生碳链断裂或脱氢反应，生成烯烃及其他产物的过程。

D 选项加氢工艺：加氢是在有机化合物分子中加入氢原子的反应，涉及加氢反应的工艺过程为加氢工艺。

5. 某化工公司粗苯产品装车采用压缩气体压送。压缩气源应选用（　　）。

A. 氮气　　　　　B. 氧气　　　　　C. 氨气　　　　　D. 空气

【答案】A

【解析】对易燃液体，不可采用压缩空气压送，因为空气与易燃液体蒸气混合，可形成爆炸性混合物，且有产生静电的可能。对于闪点很低的可燃液体，应用氮气或二氧化碳等惰性气体压送。闪点较高及沸点在130℃以上的可燃液体，如有良好的接地装置，可用空气压送。

6. 氧化反应中的强氧化剂具有很大的危险性，在受到高温、撞击、摩擦或与有机物、酸类接触，易引起燃烧或者爆炸。下列物质中，属于氧化反应中的强氧化剂的是（　　）。

A. 甲苯　　　　　B 氯酸钾　　　　　C. 乙烯　　　　　D 甲烷

【答案】B

【解析】高锰酸钾、氯酸钾、硝酸等都属于强氧化剂。

7. 在常压下 20℃ 时，氨气的爆炸极限为（   ）。

A. 8%～15%   B. 12%～25%

C. 15%～27%   D. 15%～22%

【答案】C

【解析】在常压下 20℃ 时，氨气的爆炸极限为 15%～27%，故选 C。

8. 当氯气中含氢量达到（   ）以上，随时可能在光照或受热情况下发生爆炸。

A. 5%   B. 8%   C. 10%   D. 12%

【答案】A

【解析】电解食盐水过程中产生的氢气是极易燃烧的气体，氯气是氧化性很强的剧毒气体，两种气体混合极易发生爆炸，当氯气中含氢量达到 5% 以上，随时可能在光照或受热情况下发生爆炸。故选 A 5%。

9. 在特种设备的检验检测中，对于分级而言，特种设备点检分为三级点检，下列不属于三级点检内容的是（   ）。

A. 岗位巡检人员每班巡检   B. 分厂管理人员每周点检

C. 公司管理人员每月点检   D. 公司管理人员每季度点检

【答案】D

【解析】对于分级而言，特种设备点检分为三级点检：1. 岗位巡检人员每班巡检，依照点检项目对设备进行巡检，巡回检查发现的问题要及时处理，并将检查结果记入特种设备设备技术档案；对无法处理的问题要以书面形式逐级上报，并做好相关的记录和标示，交班时要将问题交接清楚。2. 分厂管理人员每周点检，点检内容按照点检项目要求进行，并要经常询问岗位人员对特种设备巡回检查情况，并对岗位巡检记录抽查，以保证岗位巡回检查制度的实施。3. 公司管理人员每月点检，点检内容按照点检项目要求进行，并对分厂点检和岗位点检进行抽查。

10. 工作压力为 5MPa 的压力容器属于（   ）。

A. 高压容器   B. 中压容器

C. 中低压容器   D. 低压容器

【答案】B

【解析】低压（代号 L）容器：$0.1 \text{ MPa} \leqslant P < 1.6 \text{ MPa}$；

中压（代号 M）容器：$1.6 \text{ MPa} \leqslant P < 10.0 \text{ MPa}$；

高压（代号 H）容器：$10 \text{ MPa} \leqslant P < 100 \text{ MPa}$；

超高压（代号 U）容器：$P \geqslant 100 \text{MPa}$。

故答案为 B。

第三章　化工建设项目安全技术

■ **考试内容及要求**

　　运用化工安全相关技术和标准，掌握化工建设项目安全，为项目"三同时"的实施提供安全技术支持；掌握化工建设项目安全设计的基本知识，并对建设项目的设计方案进行审查，就项目的本质安全提出改进或完善的建议；掌握危险与可操作性分析（HAZOP）、保护层分析（LOPA）等风险辨识和评价方法在项目建设过程中的应用，分析化工建设项目的安全风险；制定并实施化工建设项目施工安全技术措施。

第一节　设计方案审查与改进完善

一、运用安全设计基本知识对设计方案进行审查

　　化工行业安全评价一般是为企业工厂设计与选址、系统设计、工艺流程、事故预防及制定应急计划等提供参考。我国在化工安全评价方面起步较晚，但发展较为迅速，评价方法种类较多。通过采取科学的评价方法，降低化工建设项目的危险性，确保项目能够顺利进行，保证相关人员的人身安全。

　　化工建设项目中安全设计的重要性：

　　1. 法律法规的强制性要求

　　在化工建设项目中安全评价起着重要作用，我国政府部门也一直高度重视安全评价工作。为了确保项目建设过程中的安全性，提高相关人员的安全生产意识，我国颁布了一系列关于安全评价的法律法规。这些法律法规确保了安全评价工作在化工项目施工过程中贯彻落实下去，同时加强了项目建设中的安全监督力度。

　　2. 为安全生产提供保障

　　在化工项目建设过程中，经常会有一些有毒物质或是易燃易爆物质，给相关工作人员的人身安全带来威胁，而且带来的危害是难以预估的，同时也会影响到社会的安定团结。在项目施工前进行安全评价可以有效地检查、识别和评价出项目中存在的外在或是潜在的不安全因素，并对存在的不安全因素及时采取防范措施，消除或降低安全隐患，防患于未然，同时根据项目的安全评价制定出应急预案，有利于降低由于事故造成的巨大损失，保障施工人员的生命安全，同时也能确保施工单位的经济效益。

二、对项目的本质安全进行改进与完善

（一）项目安全对策设计改进原则

1. 事故预防优先原则：

（1）采取本质安全设计的方法消除或削减危险

①削减：最大限度地减少危险物资的用量、储存量。

②替代：如果做不到削减，则选用危险性相对较小的物质及风险系数小的流程，尽可能减少安全措施的使用。

③缓解：通过温和反应条件将危险的状态减到最弱。

④简化：设计的设备应消除不必要的复杂性，使操作不容易出错，并且容许发生的错误。

（2）选取预防事故的设施，防止因装置失灵和操作失误导致事故的发生：

①探测、报警设施。

②设备安全防护设施。

③防爆设施。

④作业场所防护设施。

⑤安全警示标志。

2. 可靠性优先原则

（1）采用被动性安全技术措施，不需要启动任何主动动作的元件或功能来消除或降低风险，例如：

①防油防溢堤。

②防火防爆墙。

③较高压力等级的设备和管道。

（2）采取主动性安全技术措施，能够自动启动预防事故发生，或减轻事故后果的功能，例如：

①安全仪表系统（SIS）。

②泄压装置。

（3）采取程序性管理措施，预防事故的发生，例如：

①标准操作程序。

②紧急响应程序。

③特殊培训程序。

④安全管理制度。

3. 针对性、可操作性和经济合理性原则

（1）根据化工建设项目的特点和对风险评价的结论采取有针对性的安全对策措施。

（2）安全对策措施应在经济、技术、时间上具有可行性和可操作性。

（3）当安全技术措施与经济效益发生矛盾时，要统筹兼顾、综合平衡，在优先考虑化工安全技术措施要求的同时，避免采取不必要的过高标准所造成的工程建设投资和操作运行费用增加。

▪ 典型例题 ▪

下列属于项目安全对策设计改进原则的有（　　　）。

A. 事故预防优先原则　　　　　　　　B. 可靠性优先原则

C. 广泛性原则　　　　　　　　　　　D. 可操作性原则

E. 针对性原则

【答案】ABDE

【解析】项目安全对策设计改进原则：（1）事故预防优先原则；（2）可靠性优先原则；（3）针对性、可操作性和经济合理性原则。

第二节　可操作性分析与保护层分析

一、可操作性分析

1. 概念与定义

危险与可操作性分析法（Hazard and Operability Analysis 简称 HAZOP）是按照科学的程序和方法，从系统的角度出发对工程项目或生产装置中潜在的危险进行预先的识别、分析和评价，识别出生产装置设计及操作和维修程序，并提出改进意见和建议，以提高装置工艺过程的安全性和可操作性，为制定基本防灾措施和应急预案进行决策提供依据。

HAZOP 的主要目的是对装置的安全性和操作性进行设计审查。HAZOP 由生产管理、工艺、安全、设备、电气、仪表、环保、经济等工种的专家进行共同研究，这种分析方法包括辨识潜在的偏离设计目的的偏差、分析其可能的原因并评估相应的后果。它采用标准引导词，结合相关工艺参数等，按流程进行系统分析，并分析正常/非正常时可能出现的问题、产生的原因、可能导致的后果及应采取的措施。

HAZOP 分析方法有如下特点：首先是确立了系统安全的观点，而不是单个设备安全的观点；其次是系统性、完善性好，有利于发现各种可能的潜在危险；再次是结构性好，易于掌握。

■ 典型例题 ■

下列属于 HAZOP 分析方法的特点的是（　　　）。

A. 具有系统安全的观点　　　　　B. 系统性、完善性好

C. 具有单个设备安全的观点　　　D. 结构性好

E. 易于掌握

【答案】ABDE

【解析】HAZOP 分析方法的特点：首先是确立了系统安全的观点，而不是单个设备安全的观点；其次是系统性、完善性好，有利于发现各种可能的潜在危险；再次是结构性好，易于掌握。

2. HAZOP 分析方法与应用

HAZOP 分析是一种结构化的危险分析工具，最适用于在详细设计阶段后期对操作设施进行检查或者在现有设施做出变更时进行分析。以下详细介绍系统生命周期不同阶段 HAZOP 和其他分析方法的应用。

（1）概念和定义阶段：在系统生命周期的这一阶段，将确定设计概念和系统主要部分，但开展 HAZOP 分析所需的详细设计和文档并未形成。然而，有必要在此阶段识别出主要危害，以便在设计过程中加以考虑，并有利于随后进行的 HAZOP 分析。为开展上述研究，应使用其他一些基本方法。（关于这些方法的描述，见 IEC 60300－3－9。）

（2）设计和开发阶段：在系统生命周期的这一阶段，形成详细设计，并确定操作方法，编制完成设计文档。设计趋于成熟，基本固定。开展 HAZOP 分析的最佳时机恰好在设计固定不变之前。在此阶段，设计足够详细，便于通过 HAZOP 问询方式得到有意义的答案。建立一个系统用于评估 HAZOP 分析完成后的任何变更非常重要，该系统应该在系统整个生命周期都起作用。

（3）制造和安装阶段：如果系统试运行和操作有危险，或正确的操作步骤和说明至关重要，或后期阶段出现设计目的的较大变动时，建议在系统开始前进行一次 HAZOP 分析。此时，试运性和操作说明等数据资料应可用。此外，该分析还应重新检查早期分析时发现的所有问题，以确保它们得到解决。

（4）操作和保养阶段：对于那些影响系统安全、可操作性或影响环境的变更，应考虑变更前进行 HAZOP 分析。此外，应对系统进行定期检查，消除日常细微改动带来的影响。在进行 HAZOP 分析时，应确保在分析中使用最新的设计文档和操作说明。

（5）停止使用和报废阶段：在本阶段可能发生正常运行阶段不会出现的危险，所以本阶段可能需要进行危险分析。如果存在以前的分析记录，则可以迅速完成本阶段的分析。在系统整个生命周期都应保存好分析记录，以确保能迅速处理停用或报废阶段出现的问题。

二、保护层分析

1. 概念与定义

保护层分析（LOPA）是半定量的工艺危害分析方法之一。用于确定发现的危险场景的危险程度，定量计算危害发生的概率，已有保护层的保护能力及失效概率，如果发现保护措施不足，可以推算出需要的保护措施的等级。

LOPA 是由事件树分析发展而来的一种风险分析技术，作为辨识和评估风险的半定量工具，是沟通定性分析和定量分析的重要桥梁与纽带。LOPA 耗费的时间比定量分析少，能够集

中研究后果严重或高频率事件，善于识别、揭示事故场景的始发事件及深层次原因，集中了定性和定量分析的优点，易于理解，便于操作，客观性强，用于较复杂事故场景效果甚佳。所以，在工业实践中一般在定性的危害分析如 HAZOP、检查表等完成之后，对得到的结果中过于复杂的、过于危险的及提出了 SIS 要求的部分进行 LOPA，如果结果仍不足以支持最终的决策，则会进一步考虑如 QRA 等定量分析方法。

2.LOPA 的用途

保护层是一类安全保护措施，它是能有效阻止始发事件演变为事故的设备、系统或者动作。兼具独立性、有效性和可审计性的保护层称为独立保护层（Independent Protection Layer，简称 IPL），它既独立于始发事件，也独立于其他独立保护层。正确识别和选取独立保护层是完成 LOPA 分析的重点内容之一。典型化工装置的独立保护层呈"洋葱"形分布，从内到外一般设计为：过程设计、基本过程控制系统、警报与人员干预、安全仪表系统、物理防护、释放后物理防护、工厂紧急响应及社区应急响应等。

3.LOPA 应用的局限性

（1）LOPA 不是识别危险场景的工具，LOPA 的正确执行取决于定性危险评价方法所得出的危险场景的高准确性，包括初始事件和相关安全措施的正确和全面。

（2）当使用 LOPA 时，只有满足如下条件时才能进行场景风险的对比：选择失效数据的方法相同，采用相同的风险标准。

（3）LOPA 是一种简化的方法，其计算结果并不是场景风险的精确值。

第三节　化工建设安全风险与施工安全

一、化工项目如何进行安全管理

1. 施工之前充分准备

首先，对施工现场有充分的了解，尤其是施工处的地形、地貌、周边环境等，将一切可能发生、影响施工过程的因素考虑到位，同时做好相应的防护措施。其次，由于化工工程的特殊性，因此，前期工程准备过程中，必须对所需要用到的一切设备有详细的了解。同时做好技术培训和技术交流，发现问题及时解决。再次，建立相应的监督管理部门，严格按照施工管理标准施工，安全生产，降低事故发生率。

2. 施工过程严格把关

要以对施工方进行严格考核，建立承包责任人制度，将责任明确到人，建立切实有效的监管体制，文明施工，打造安全和谐的施工氛围。对化工工程中出现的危险因素要严格控制，预防为主，提高预见力。项目建设的整个过程中必须不断加强施工人员的安全意识，根据项目实际特点，进行安全教育，提高全体工作人员的安全防范能力。严格执行安全管理细则，将防火、防爆、防污染放在首位，对于特殊项目，必须有相关的技术人员进行管理，杜绝一切安全隐患的发生，增强监管人员的责任心与执行力，避免拖延工作给工程造成损失。

3. 技术探索与落实

化工工程技术水平要求高，而掌握这些先进技术的人员并不多，这给施工带来了一定的影响。在实际施工过程中，必须对技术进行摸底，彻底掌握核心技术，同时做好技术的保密工作。项目负责人应根据化工项目的实际情况，委派专门人员进行技术学习和探索，确保技术掌握及时，能够将各项技术措施落实到位。如何将技术落实到位，同时不泄露核心技术，这也是化工工程安全管理的一部分。化工项目的核心技术直接影响这个化工项目的开展，因此，加大技术的保护工作，同时对技术进行探索，不断创新，也是促进化工业发展的关键。

二、化工建设项目施工

1. 提高安全意识，将安全工作贯穿于工程全过程

在工作中要树立"一切事故都可以预防"的安全理念和"安全源于设计，安全源于质量，安全源于风险"的思想，协调好投资、进度、安全的关系，以合理的工期保证工程的安全进行，避免为了赶工期发生安全事故。

2. 加强施工现场的安全管理

第一，要建立承包方、施工方和监理方三位一体的安全检查管理体系，加强过程安全监督，遏制"三违"现象，营造和谐安全、文明施工的安全氛围。第二，围绕"人、机、料、法、环"五要素，对工程动态施工作业现场危险因素提高预见力，落实相应的控制措施。第三，加强项目中交到投料开始前生产准备期间的安全监管。结合石化项目工程特点，加强施工人员安全教育，提高安全防范能力。严格执行各项票证制度，落实防火、防爆、防毒、防窒息等安全保护措施，确保安全生产。第四，在特殊工作条件下，要确保各级 HSE 监督人员在现场监督。

3. 加强分包单位和检查维修单位的管理

第一，要完善分包商资质审查和审核，建立分包商业绩和违章等信用记录，开展分包商业绩评估，建立分包商市场准入和清退机制。第二，发包方与承包方要认真贯彻各项安全管理规定，签订安全协议，明确发包方与承包方在安全生产方面的权利义务。

三、化工施工安全管理过程的具体措施

1. 严格按照国家制定的法律法规执行工作内容

国家订立的各项法律法规和行业工作一般标准是化工工程建设过程中需要依靠的最基本的工作内容，国家的法律法规及行业工作标准是企业工程施工建设过程中的全部工作内容，如果是从施工过程开始就依照相关的法规进行管理，那么能够让工程在一开始就朝着正规化发展，防止出现各种安全隐患，以及各种不安全的工作内容。在每个工作阶段中都依照法律法规及行业的工作准则进行施工建设，能够在实际工作中面对出现的问题有标准可参照，并且在出现安全问题后，也能够凭此追究各种责任，进而有效地加强化工工程建设过程中的管理任务，同时也为安全管理提供一个公平的标准和依据。

2. 使用各种激励方式强化工作人员进行管理

组织建设化工工程的施工过程中的管理建设体系，施工单位需要尽量多下放一些权利给下属单位，并且这些权利需要是可执行的，不能够光是一个好听的名号而已。另外，在工作过程中需要做到奖惩结合，单纯地借助惩罚及思想工作是远远不够的。在实际工作过程中，需要将各种待遇、权利及实际工作要求相结合，从而形成一个系统性的效益方案。在实际施工建设过程中，可以将福利待遇当成是安全管理中的一个重要组成部分。举个例子，对一些将安全管理实施准确有效的工作部门发放一定的奖金及旅游名额等福利待遇，进而形成一种良性的企业文化，将工作中人员管理不易的问题做出良好的解决和弥补。

3. 强化资金投入，完善各种设备组成

化工工程在进行各种方案编制的过程中，需要遵循的一般原则是编制各种有针对性的安全方案，在实际实施过程中安全管理的力度不能够忽视。举个例子，在临时布置过程中需要将临时用电的布置当成是工作的重点内容，这是因为化工项目在施工过程中会用到大量的电力资源，因此在临时用电布置过程中需要严格地依照相关文件进行现场布置。与此同时，在不断进行基础设施更新完善的过程中，要尽量保证各种配备型号的统一、设备建设的完善，另外在施工建设的过程中需要以实际工作为基准，将一些工作技巧传授给工作人员，使其能够更好地理解和使用，同时要求每一位工作人员都严格地遵守各项安全管理条例，确切地了解各项安全设备使用知识，确保各种设施能够在安全环境下被使用。

===== 本章练习 =====

1. 下列属于半定量的工艺危害分析方法的有（　　　）

A. 安全检查表法　　　　　　　　B. 保护层分析

C. 专家现场询问观察法　　　　　D. 因素图分析法

【答案】B

【解析】保护层分析（LOPA）是半定量的工艺危害分析方法之一。用于确定发现的危险场景的危险程度，定量计算危害发生的概率，已有保护层的保护能力及失效概率，如果发现保护措施不足，可以推算出需要的保护措施的等级。

2. 化工现场的安全管理工作中，施工之前要做充分的准备，其中属于施工前的准备工作的有（　　　）。

A. 了解施工处的地形、地貌、周边环境

B. 考虑影响施工过程的因素

C. 了解现场的设备情况

D. 施工过程严格把关

E. 做好技术培训和技术交流工作

【答案】ABCE

【解析】施工前准备：首先，对施工现场有充分的了解，尤其是施工处的地形、地貌、周边环境等，将一切可能发生、影响施工过程的因素考虑到位，同时做好相应的防护措施。其次，由于化工工程的特殊性，前期工程准备过程中，必须对所需要用到的一切设备有详细了解。同时做好技术培训和技术交流，发现问题及时解决。再次，建立相应的监督管理部门，严格按照施工管理标准施工，安全生产，降低事故发生率。

3. 在对项目安全对策设计改进时，属于事故预防优先原则的是（　　　）。

A. 采取本质安全设计的方法消除或削减危险

B. 采取预防事故的设施

C. 采用被动性安全技术措施

D. 防止因装置失灵和操作失误导致事故的发生

E. 设置防火防爆墙

【答案】ABD

【解析】1. 事故预防优先原则：（1）采取本质安全设计的方法消除或削减危险：①削减：最大限度地减少危险物资的用量、储存量。②替代：如果做不到削减，则选用危险性相对较小的物质及风险系数小的流程，尽可能减少安全措施的使用。③缓解：通过温和反应条件将危险的状态减到最弱。④简化：设计的设备应消除不必要的复杂性，使操作不容易出错，并且容许发生的错误。（2）选取预防事故的设施，防止因装置失灵和操作失误导致事故的发生：①探测、报警设施。②设备安全防护设施。③防爆设施。④作业场所防护设施。⑤安全警示标志。

4. 采取本质安全设计的方法消除或削减危险的方法和措施中不包括（　　）。

A. 削减　　　　　　　　　　　　B. 替代

C. 缓解　　　　　　　　　　　　D. 设备安全防护设施

【答案】D

【解析】采取本质安全设计的方法消除或削减危险措施包括：①削减：最大限度地减少危险物资的用量、储存量。②替代：如果做不到削减，则选用危险性相对较小的物质及风险系数小的流程，尽可能减少安全措施的使用。③缓解：通过温和反应条件将危险的状态减到最弱。④简化：设计的设备应消除不必要的复杂性，使操作不容易出错，并且容许发生的错误。

5. 典型化工装置的独立保护层呈"洋葱"形分布，属于从内到外一般设计要求的有（　　）。

A. 过程设计—基本过程控制系统—警报与人员干预—安全仪表系统—物理防护—释放后物理防护—工厂紧急响应及社区应急响应等

B. 基本过程控制系统—安全仪表系统—过程设计—警报与人员干预—物理防护—释放后物理防护—工厂紧急响应及社区应急响应等

C. 安全仪表系统—基本过程控制系统—过程设计—警报与人员干预—物理防护—释放后物理防护—工厂紧急响应及社区应急响应等

D. 过程设计—基本过程控制系统—释放后物理防护—安全仪表系统—物理防护—警报与人员干预—工厂紧急响应及社区应急响应等

【答案】A

【解析】典型化工装置的独立保护层呈"洋葱"形分布，从内到外一般设计为：过程设计、基本过程控制系统、警报与人员干预、安全仪表系统、物理防护、释放后物理防护、工厂紧急响应及社区应急响应等。

第四章 特殊作业安全技术

■ **考试内容及要求**

运用化工安全相关技术和标准，掌握特殊作业环节风险分析方法，辨识特殊作业环节安全风险，制定并实施安全技术措施；掌握特殊作业环节安全监督管理技能，从风险分析、作业方案编制、作业人员资质、作业机具可靠性、作业人员个体防护装备、气体分析、作业过程监护、作业过程应急处置、作业许可签发等方面，指导有关人员落实特殊作业安全要求。

第一节 特殊作业危险有害因素辨识

一、特殊作业的定义

特殊作业，是指化学品生产单位设备检修过程中可能涉及的动火、进入受限空间、盲板抽堵、高处作业、吊装、临时用电、动土、断路等，对操作者本人、他人及周围建（构）筑物、设备、设施的安全可能造成危害的作业。

主要分为以下几类：

1. 动火作业

动火作业是指直接或间接产生明火的工艺设备以外的禁火区内可能产生火焰、火花或炽热表面的非常规作业，如使用电焊、气焊（割）、喷灯、电钻、砂轮等进行的作业。

动火作业应预先制定作业方案，落实安全防火措施；作业前应清除动火现场及周围的易燃物品，或采取其他有效安全防火措施，并配备消防器材，满足作业现场应急需求；作业时应有专人监火，保持作业现场通排风良好。动火点周围或其下方的地面如有可燃物、空洞、窨井、地沟、水封等，应检查分析并采取清理或封盖等措施；对于动火点周围有可能泄漏易燃、可燃物料的设备，应采取隔离措施。

2. 受限空间作业

受限空间指进出口受限，通风不良，可能存在易燃易爆、有毒有害物质或缺氧，对进入人员的生命安全构成威胁的封闭、半封闭设施及场所，如反应器、塔、釜、槽、罐、炉膛、锅筒、管道，以及地下室、窨井、坑（池）、下水道或其他封闭、半封闭场所。

受限空间作业是指进入或探入受限空间进行的作业。作业时，应保持受限空间空气流通良好，对受限空间内的气体浓度进行严格监测，并采取一定的防护措施。要注意，最长作业时限通常不应超过 24 小时，要求设有专人监护。

3. 盲板抽堵作业

盲板抽堵作业是指在设备、管道上安装和拆卸盲板的作业。作业前，生产车间应预先绘制盲板位置图，对盲板进行统一编号，并设专人统一指挥作业。根据管道内介质的性质、温度、压力和管道法兰密封面的口径等，选择相应材料、强度、口径和符合设计、制造要求的盲板及垫片。

4. 高处作业

高处作业是指在距坠落基准面 2 米及 2 米以上有可能坠落的高处进行的作业。高处作业人员应正确佩戴符合要求的安全带，带电高处作业应使用绝缘工具或穿均压服。在邻近排放有毒、有害的气体、粉尘的放空管线或烟囱等场所进行作业时，应预先与作业所在地有关人员取得联系，配备标准的空气呼吸器、过滤式防毒面具或口罩等防护器具。雨天和雪天作业时，应采取可靠的防滑、防寒措施。遇有五级以上强风、浓雾等恶劣天气，不应进行高处作业。

5. 吊装作业

吊装作业是指利用各种吊装机具将设备、工件、器具、材料等吊起，使其发生位置变化的作业过程。按照吊装重物质量不同分为一级、二级和三级。三级以上的吊装作业，应制定吊装作业方案。不应靠近输电线路进行吊装作业。吊装场所如有含危险物料的设备、管道等时，应制定详细吊装方案，并对设备、管道采取有效防护措施，必要时停车，放空物料，置换后进行吊装作业。

6. 临时用电作业

临时用电是指在正式运行的电源上所接的非永久性用电。

在运行的生产装置、罐区和具有火灾爆炸危险的场所内，不应接临时电源；如若确实需要，应对周围环境进行可燃气体检测分析。临时用电作业应设置保护开关，使用前应检查电气装置和保护设施的可靠性。

7. 动土作业

动土作业是指挖土、打桩、钻探、坑探、地锚入土深度在 0.5 米以上，使用推土机、压路机等施工机械进行填土或平整场地等可能对地下隐蔽设施产生影响的作业。作业前应先了解地下隐蔽设施的分布情况，动土时使用适当的工具挖掘，避免损坏地下隐蔽设施。如暴露出电缆、管线及不能辨认的物品时，应立即停止作业，妥善加以保护，报告动土审批单位处理，经采取措施后方可继续动土作业。

8. 断路作业

断路作业是指在化学品生产单位内交通主、支路与车间引道上进行工程施工、吊装、吊运等各种影响正常交通的作业。作业前，作业申请单位应会同相关主管部门制定交通组织方案，保证消防车和其他重要车辆的通行，并满足应急救援要求。根据需要在断路的路口和相关道路上设置交通警示标志，在作业区附近设置路栏、道路作业警示灯、导向标等交通警示设施。

二、特殊作业危险有害因素辨识

1. 动火作业

（1）影响生产作业。

（2）在维修时未停电或是停错电都易造成人员伤亡。

（3）防止设备误操作造成人员伤亡。

（4）粉尘浓度过高造成爆炸发生。

（5）维修时爆炸或火灾现场监护不到位造成事故发生。

（6）现场清理不彻底，造成事故隐患。

2. 受限空间作业危险、有害因素分析

（1）人的因素。

①作业人员因素。

作业人员不了解在进入期间可能面临的危害；不了解隔离危害和查证已隔离的程序；不了解危害暴露的形式、征兆和后果；不了解防护装备的使用和限制，如测试、监督、通风、通讯、照明、预防坠落、障碍物以及进入方法和救援装备；不清楚监护人用来提醒撤离时的沟通方法；不清楚当发现有暴露危险的征兆或症状时，提醒监护人的方法；不清楚何时撤离受限空间，可能导致事故发生。

②监护人员因素。

监护人不了解在作业人员在进入期间可能面临的危害；不了解人员受到危害影响时的行为表现；不清楚召唤救援和急救部门帮助进入者撤离的方法，不能起到监督空间内外活动和保护进入者安全的作用。

（2）物的因素。

①有毒气体。

受限空间内可能会存在很多的有毒气体，既可以是在受限空间内已经存在的，也可能是在工作过程中产生的。聚积于受限空间的常见有害气体有硫化氢、一氧化碳、甲烷、沼气等，这些都对作业人员构成中毒威胁。

a. 硫化氢（H_2S）是无色气体，有特殊的臭味（臭鸡蛋味），易溶于水；比重比空气大，易积聚在通风不良的城市污水管道、窨井、化粪池、污水池、纸浆池及其他各类发酵池和蔬菜腌制池等低洼处（含氮化合物例如蛋白质腐败分解产生）。硫化氢属窒息性气体，是一种强烈的神经毒物。硫化氢浓度在 0.4mg/m³ 时，人能明显嗅到硫化氢的臭味；70～150mg/m³ 时，吸入数分钟即发生嗅觉疲劳而闻不到臭味，浓度越高嗅觉疲劳越快，越容易使人丧失警惕；超过 760mg/m³ 时，短时间内即可发生肺水肿、支气管炎、肺炎，可能造成生命危险；超过 1000mg/m³，可致人发生电击样死亡。

b. 一氧化碳（CO）是无色无臭气体，微溶于水，溶于乙醇、苯等多数有机溶剂；属于易燃易爆有毒气体，与空气混合能形成爆炸性混合物，遇明火、高热能引起燃烧爆炸。一氧化碳在血中易与血红蛋白结合（相对于氧气）而造成组织缺氧。轻度中毒者出现头痛、头晕、耳鸣、心悸、恶心、呕吐、无力，血液碳氧血红蛋白浓度可高于 10%；中度中毒者除上述症状外，还有皮肤粘膜呈樱红色、脉快、烦躁、步态不稳、浅至中度昏迷，血液碳氧血红蛋白浓度可高于 30%；重度患者深度昏迷、瞳孔缩小、肌张力增强、频繁抽搐、大小便失禁、休克、肺水肿、严重心肌损害等。

②氧气不足。

受限空间内的氧气不足是经常遇到的情况。氧气不足的原因很多，如被密度大的气体（如二氧化碳）挤占、燃烧、氧化（比如生锈）、微生物行为（如老鼠分解）、吸收和吸附（如潮湿的活性炭）、工作行为（如使用溶剂、涂料、清洁剂或者是加热工作）等都可能影响氧气含量。作业人员进入后，可由于缺氧而窒息，而超过常量的氧气可能会加速燃烧或其他的化学反应。

③可燃气体。

在受限空间中常见的可燃气体包括：甲烷、天然气、氢气、挥发性有机化合物等。这些可燃气体和蒸气来自于地下管道间泄漏（电缆管道和城市煤气管道间）、容器内部残存、细菌分解、工作产物（在其内进行涂漆、喷漆、使用易燃易爆溶剂）等，如遇引火源就可能导致火灾甚至爆炸。在受限空间中的引火源包括：产生热量的工作活动、焊接、切割等作业、打火工具、光源、电动工具、电子仪器，甚至静电。

（3）环境因素.

过冷、过热、潮湿的受限空间有可能对人员造成危害；在受限空间时间长了以后，会由于受冻、受热、受潮，致使体力不支。

在具有湿滑的表面的受限空间作业，有导致人员摔伤、磕碰等的危险。进行人工挖孔桩作业的事故现场，有坍塌、坠落，造成击伤、埋压的危险。清洗大型水池、储水箱、输水管（渠）的作业现场有导致人员遇溺的危险。作业现场电气防护装置失效或误操作，电气线路短路、超负荷运行、雷击等都有可能发生电流对人体的伤害，而造成伤亡事故的危险。

3. 盲板抽堵作业的危险有害因素

（1）盲板本身给系统带来的影响。

假如盲板本身有缺陷或者其材质、厚度达不到要求，或者安装不规范，如所加垫片分歧格等，就有可能起不到有效的隔离作用。比如 2004 年 10 月 11 日，某市化肥厂停工检验，重点焊补合成氨系统碳化清洗塔，从 9 时开始，对系统进行了泄压、置换、上盲板隔离、清洗、透风，塔内气体取样分析合格。9 时 45 分，焊工开始动火作业，15 分钟以后，焊接处发生爆炸，焊工当场被炸死，其助手重伤。后经多方分析和调查，发现与生产系统相连的一个盲板上有穿透性裂缝，该裂缝泄漏了可燃性气体，引起了本次动火的爆炸事故。另外，假如盲板强度不够，在使用过程中可能会发生破裂，失往隔离的作用，所以对盲板本身的检查尤其应该引起留意，切不能以为加了盲板就万无一失了。

（2）盲板拆装作业的危害因素。

盲板的拆装作业本身有可能发生物体打击、高空坠落、火灾、爆炸、中毒窒息等事故。

在作业过程中，如工作职员站位不好、使用工具有缺陷、操纵失误、有关职员配合不好等，有可能发生物体打击事故。在高处作业时，若使用的劳动防护用品分歧格或使用不正确，如安全带、脚手架缺陷等，有可能发生高处坠落事故；高处作业时，操纵失误也可能发生高处坠物，砸坏下部的设备、管线，或者砸伤职员。若系统置换、清洗不彻底，残留易燃易爆或有毒有害介质，使用的工具不防爆或者所穿着劳动保护用品分歧格，在作业过程中有可能发生火灾、爆炸或者中毒窒息事故。

4. 高处作业危险有害因素

（1）脚手架搭设不规范、防护设施不全、脚手板材质或铺设不符合要求。

（2）施工作业人员患有高血压、心脏病、恐高症等，或生理存在缺陷，年龄偏大从事高处作业。

（3）高处施工作业人员酗酒，施工作业人员、监护人缺乏必要的施工经验和施工技能，安全意识谈薄，未经培训和安全教育，应变能力差。

（4）高处施工平台、临边、洞口等无防护栏杆或安全设施。

（5）操作者本人的违章作业、违反劳动纪律和安全技术知识的缺乏，会造成大量的事故。

（6）使用的脚手架材料腐蚀、规格偏小，不符合安全要求，承载时容易翻倒或压垮。

（7）在立体交叉施工过程中，施工安排不科学，同时缺乏必要的隔离防护措施或防护措施未落实、现场监护不到位等。

（8）高处作业施工方案、措施不具体，施工协调不统一等。

5. 吊装作业

（1）钢丝绳有断股且破损严重，易造成绳索破断、安全系数不合要求，易造成钢丝绳断裂和人员伤害。

（2）吊装前未支吊车腿、吊车作业时发生倾斜、违章吊装作业，易造成设备损坏、人员伤害。

（3）吊装时捆绑不当、吊耳焊接不牢固，脱落、吊车安全性能不好，易造成人员伤害。

6. 临时用电作业

（1）触电。

（2）火灾爆炸。

7. 动土作业

（1）破坏地下设施。

（2）塌方导致人员伤害。

（3）人员进出坑道及人工开挖出现人员伤害。

（4）外部人员和车辆伤害。

（5）窒息、爆炸。

（6）机械伤害。

（7）触电。

8. 断路作业危险分析

（1）标识不明，信息沟通不畅，影响交通，引发事故。

（2）作业期间，无适当安全措施或不到位，引发交通事故或人员伤害事故。

（3）作业结束后，现场清理不彻底，阻碍交通，能上能引发事故。

（4）变更未经审批，引发事故。

（5）涉及危险作业组合，未落实相应安全措施。

第二节　安全技术措施

化学工业是国民经济体系的重要组成部分，化工企业安全事故大部分因特殊作业而发生，主要原因是作业人员安全意识不强、安全管理不到位、缺乏相应安全措施、设备检修不合理。企业通过提高作业人员的安全意识，仔细辨识危害因素，认真落实安全措施，特殊作业按规定办理相应作业证，加强特殊作业安全管理，这样，发生安全事故的可能性可以大量下降甚至降为零。

1. 基本要求

（1）作业前，作业单位和生产单位应对作业现场和作业过程中可能存在的危险、有害因素进行辨识，制定相应的安全措施。

（2）作业前，应对参加作业的人员进行安全教育，主要内容如下：①有关作业的安全规章制度。②作业现场和作业过程中可能存在的危险、有害因素及应采取的具体安全措施。③作业过程中所使用的个体防护器具的使用方法及使用注意事项。④事故的预防、避险、逃生、自救、互救等知识。⑤相关事故案例和经验、教训。

（3）作业前，生产单位应进行如下工作：①对设备、管线进行隔绝、清洗、置换，并确认满足动火、进入受限空间等作业安全要求。②对放射源采取相应的安全处置措施。③对作业现场的地下隐蔽工程进行交底。④腐蚀性介质的作业场所配备人员应急用冲洗水源。⑤夜间作业的场所设置满足要求的照明装置。⑥会同作业单位组织作业人员到作业现场，了解和熟悉现场环境，进一步核实安全措施的可靠性，熟悉应急救援器材的位置及分布。

（4）作业前，作业单位对作业现场及作业涉及的设备、设施、工器具等进行检查，并使之符合如下要求：①作业现场消防通道、行车通道应保持畅通；影响作业安全的杂物应清理干净。②作业现场的梯子、栏杆、平台、箅子板、盖板等设施应完整、牢固，采用的临时设施应确保安全。③作业现场可能危及安全的坑、井、沟、孔洞等应采取有效防护措施，并设警示标志，夜间应设警示红灯；需要检修的设备上的电器电源应可靠断电，在电源开关处加锁并加挂安全警示牌。④作业使用的个体防护器具、消防器材、通信设备、照明设备等应完好。⑤作业使用的脚手架、起重机械、电气焊用具、手持电动工具等各种工器具应符合作业安全要求；超过安全电压的手持式、移动式电动工器具应逐个配置漏电保护器和电源开关。

（5）进入作业现场的人员应正确佩戴符合《安全帽标准》要求的安全帽；作业时，作业人员应遵守本工种安全技术操作规程，并按规定着装及正确佩戴相应的个体防护用品，多工种、多层次交叉作业应统一协调。

特种作业和特种设备作业人员应持证上岗。患有职业禁忌症者不应参与相应作业。作业监护人员应坚守岗位，如确需离开，应有专人替代监护。

（6）作业前，作业单位应办理作业审批手续，并有相关责任人签名确认。

同一作业涉及动火、进入受限空间、盲板抽堵、高处作业、吊装、临时用电、动土、断路中的两种或两种以上时，除应同时执行相应的作业要求外，还应同时办理相应的作业审批手续。

作业时，审批手续应齐全，安全措施应全部落实，作业环境应符合安全要求。

（7）当生产装置出现异常，可能危及作业人员安全时，生产单位应立即通知作业人员停止作业，迅速撤离。

当作业现场出现异常，可能危及作业人员安全时，作业人员应停止作业，迅速撤离，作业单位应立即通知生产单位。

（8）作业完毕，应恢复作业时拆移的盖板、箅子板、扶手、栏杆、防护罩等安全设施的安全使用功能；将作业用的工器具、脚手架、临时电源、临时照明设备等及时撤离现场；将废料、杂物、垃圾、油污等清理干净。

2. 动火作业

（1）作业分级

①固定动火区外的动火作业一般分为二级动火、一级动火、特殊动火三个级别，遇节日、假日或其他特殊情况，动火作业应升级管理。企业应划定固定动火区及禁火区。

②二级动火作业：除特殊动火作业和一级动火作业以外的动火作业。凡生产装置或系统全部停车，装置经清洗、置换、分析合格并采取安全隔离措施后，可根据其火灾、爆炸危险性大小，经所在单位安全管理部门批准，动火作业可按二级动火作业管理。

③一级动火作业：在易燃易爆场所进行的除特殊动火作业以外的动火作业。厂区管廊上的动火作业按一级动火作业管理。

④特殊动火作业：在生产运行状态下的易燃易爆生产装置、输送管道、储罐、容器等的部位上及其他特殊危险场所进行的动火作业，带压不置换动火作业按特殊动火作业管理。

（2）作业基本要求

①动火作业应有专人监火，作业前应清除动火现场及周围的易燃物品，或采取其他有效安全防火措施，并配备消防器材，满足作业现场应急需求。

②动火点周围或其下方的地面如有可燃物、空洞、窨井、地沟、水封等，应检查分析并采取清理或封盖等措施；对于动火点周围有可能泄漏易燃、可燃物料的设备，应采取隔离措施。

③凡在盛有或盛装过危险化学品的设备、管道等生产、储存设施及处于《建筑设计防火规范》《石油化工企业设计防火规范》《石油库设计规范》规定的甲、乙类区域的生产设备上动火作业，应将其与生产系统彻底隔离，并进行清洗、置换，分析合格后方可作业；因条件限制无法进行清洗、置换而确需动火作业时按特殊动火要求规定执行。

④拆除管线进行动火作业时，应先查明其内部介质及其走向，并根据所要拆除管线的情况制定安全防火措施。

⑤在有可燃物构件和使用可燃物做防腐内衬的设备内部进行动火作业时，应采取防火隔绝措施。

⑥在生产、使用、储存氧气的设备上进行动火作业时，设备内氧含量不应超过23.5%。

⑦动火期间距动火点30米内不应排放可燃气体，距动火点15米内不应排放可燃液体；在动火点10米范围内及动火点下方不应同时进行可燃溶剂清洗或喷漆等作业。

⑧铁路沿线25米以内的动火作业，如遇装有危险化学品的火车通过或停留时，应立即停止。

⑨使用气焊、气割动火作业时，乙炔瓶应直立放置，与氧气瓶的间距不应小于5米，二者与作业地点间距不应小于10米，并应设置防晒设施。

⑩作业完毕应清理现场，确认无残留火种后方可离开。

五级风以上（含五级）天气，原则上禁止露天动火作业。因生产确需动火，动火作业应升级管理。

（3）特殊动火作业要求

特殊动火作业在符合动火作业基本要求规定的同时，还应符合以下规定：

①在生产不稳定的情况下不应进行带压不置换动火作业。

②应预先制定作业方案，落实安全防火措施，必要时可请专职消防队到现场监护。

③动火点所在的生产车间（分厂）应预先通知工厂生产调度部门及有关单位，使之在异常情况下能及时采取相应的应急措施。

④应在正压条件下进行作业。

⑤应保持作业现场通排风良好。

（4）动火分析及合格标准

①作业前应进行动火分析，要求如下：

a. 动火分析的监测点要有代表性，在较大的设备内动火，应对上、中、下各部位进行监测分析；在较长的物料管线上动火，应在彻底隔绝区域内分段分析。

b. 在设备外部动火，应在距离动火点不小于10米范围内进行动火分析。

c. 动火分析与动火作业间隔一般不超过30分钟，如现场条件不允许，间隔时间可适当放宽，但不应超过60分钟。

d. 作业中断时间超过60分钟，应重新分析，每日动火前均应进行动火分析；特殊动火作业期间应随时进行监测。

e. 使用便携式可燃气体检测仪或其他类似手段进行分析时，检测设备应经标准气体样品标定合格。

②动火分析合格标准为：

a. 当被测气体或蒸气的爆炸下限大于或等于4%时，其被测浓度应不大于0.5%（体积分数）。

b. 当被测气体或蒸气的爆炸下限小于4%时，其被测浓度应不大于0.2%（体积分数）。

3. 受限空间作业

（1）作业前，应对受限空间进行安全隔绝，要求如下：

①与受限空间连通的可能危及安全作业的管道应采用插入盲板或拆除一段管道进行隔绝。

②与受限空间连通的可能危及安全作业的孔、洞应进行严密封堵。

③受限空间内的用电设备应停止运行并有效切断电源，在电源开关处上锁并加挂警示牌。

（2）作业前，应根据受限空间盛装（过）的物料特性，对受限空间进行清洗或置换，并达到如下要求：

①氧含量为18%～21%，在富氧环境下不应大于23.5%。

②有毒气体（物质）浓度应符合《工作场所有害因素职业接触限值·第1部分：化学有害因素》的规定。

③可燃气体浓度要求同动火分析合格标准规定。

（3）应保持受限空间空气流通良好，可采取如下措施：

①打开人孔、手孔、料孔、风门、烟门等与大气相通的设施进行自然通风。

②必要时，应采用风机强制通风或管道送风，管道送风前应对管道内介质和风源进行分析确认。

（4）应对受限空间内的气体浓度进行严格监测，监测要求如下：

①作业前30分钟内，应对受限空间进行气体分析，分析合格后方可进入，如现场条件不允许，时间可适当放宽，但不应超过60分钟。

②监测点应有代表性，容积较大的受限空间，应对上、中、下各部位进行监测分析。

③分析仪器应在校验有效期内，使用前应保证其处于正常工作状态。

④监测人员深入或探入受限空间监测时应采取进入受限空间作业应采取防护措施中规定的个体防护措施。

⑤作业中应定时监测，至少每2小时监测一次，如监测分析结果有明显变化，应立即停止作业，撤离人员，对现场进行处理，分析合格后方可恢复作业。

⑥对可能释放有害物质的受限空间，应连续监测，情况异常时应立即停止作业，撤离人员，对现场进行处理，分析合格后方可恢复作业。

⑦涂刷具有挥发性溶剂的涂料时，应做连续分析，并采取强制通风措施。

⑧作业中断时间超过60分钟时，应重新进行分析。

（5）进入下列受限空间作业应采取如下防护措施：

①缺氧或有毒的受限空间经清洗或置换仍达不到上述（2）中要求的，应佩戴隔绝式呼吸器，必要时应拴带救生绳。

②易燃易爆的受限空间经清洗或置换仍达不到上述（2）中要求的，应穿防静电工作服及防静电工作鞋，使用防爆型低压灯具及防爆工具。

③酸碱等腐蚀性介质的受限空间，应穿戴防酸碱防护服、防护鞋、防护手套等防腐蚀护品。

④有噪声产生的受限空间，应配戴耳塞或耳罩等防噪声护具。

⑤有粉尘产生的受限空间，应配戴防尘口罩、眼罩等防尘护具。

⑥高温的受限空间，进入时应穿戴高温防护用品，必要时采取通风、隔热、佩戴通信设备等防护措施。

⑦低温的受限空间，进入时应穿戴低温防护用品，必要时采取供暖、佩戴通信设备等措施。

（6）照明及用电安全要求如下：

①受限空间照明电压应小于或等于36V，在潮湿容器、狭小容器内作业，电压应小于或等于12V。

②在潮湿容器中，作业人员应站在绝缘板上，同时保证金属容器接地可靠。

（7）作业监护要求如下：

①在受限空间外应设有专人监护，作业期间监护人员不应离开。

②在风险较大的受限空间作业时，应增设监护人员，并随时与受限空间内作业人员保持联络。

（8）应满足的其他要求如下：

①受限空间外应设置安全警示标志，备有空气呼吸器（氧气呼吸器）、消防器材和清水等相应的应急用品。

②受限空间出入口应保持畅通。

③作业前后应清点作业人员和作业工器具。

④作业人员不应携带与作业无关的物品进入受限空间；作业中不应抛掷材料、工器具等物品；在有毒、缺氧环境下不应摘下防护面具；不应向受限空间充氧气或富氧空气；离开受限空间时应将气割（焊）工器具带出。

⑤难度大、劳动强度大、时间长的受限空间作业应采取轮换作业方式。

⑥作业结束后，受限空间所在单位和作业单位共同检查受限空间内外，确认无问题后方可封闭受限空间。

⑦最长作业时限不应超过24小时，特殊情况超过时限的应办理作业延期手续。

4. 盲板抽堵作业

（1）生产车间（分厂）应预先绘制盲板位置图，对盲板进行统一编号，并设专人统一指挥作业。

（2）应根据管道内介质的性质、温度、压力和管道法兰密封面的口径等选择相应材料、强度、口径和符合设计、制造要求的盲板及垫片。高压盲板使用前应经超声波探伤，并符合《锻造角氏高压阀门·技术条件》（JB/T450）的要求。

（3）作业单位应按图进行盲板抽堵作业，并对每个盲板设标牌进行标识，标牌编号应与盲板位置图上的盲板编号一致。生产车间（分厂）应逐一确认并做好记录。

（4）作业时，作业点压力应降为常压，并设专人监护。

（5）在有毒介质的管道、设备上进行盲板抽堵作业时，作业人员应按《个体防护装备选用规范》（GB/T11651）的要求选用防护用具。

（6）在易燃易爆场所进行盲板抽堵作业时，作业人员应穿防静电工作服、工作鞋，并应使用防爆灯具和防爆工具；距盲板抽堵作业地点30米内不应有动火作业。

（7）在强腐蚀性介质的管道、设备上进行盲板抽堵作业时，作业人员应采取防止酸碱灼伤的措施。

（8）在介质温度较高、可能造成烫伤的情况下，作业人员应采取防烫措施。

（9）不应在同一管道上同时进行两处及两处以上的盲板抽堵作业。

（10）盲板抽堵作业结束，由作业单位和生产车间（分厂）专人共同确认。

5. 高处作业

（1）作业分级

①作业高度（h）分为四个区段：2m≤h≤5m；5m＜h≤15m；15m＜h≤30m；h＞30m。

②直接引起坠落的客观危险因素分为11种：

a. 阵风风力五级（风速8.0m/s）以上。

b.《高温作业分级》（GB/T4200）规定的Ⅱ级或Ⅱ级以上的高温作业。

c. 平均气温等于或低于5℃的作业环境。

d. 接触冷水温度等于或低于12℃的作业。

e. 作业场地有冰、雪、霜、水、油等易滑物。

f. 作业场所光线不足或能见度差。

g. 作业活动范围与危险电压带电体距离小于下表的规定。

表4-1-1 作业活动范围与危险电压带电体的距离

危险电压带电体的电压等级/kV	≤10	35	63～110	220	330	500
距离/m	1.7	2.0	2.5	4.0	5.0	6.0

h. 摆动，立足处不是平面或只有很小的平面，即任一边小于500毫米的矩形平面、直径小于500毫米的圆形平面或具有类似尺寸的其他形状的平面，致使作业者无法维持正常姿势。

i.《体力劳动强度分级》（GB3869）规定的Ⅲ级或Ⅲ级以上的体力劳动强度。

j. 存在有毒气体或空气中含氧量低于19.5%的作业环境。

k. 可能会引起各种灾害事故的作业环境和抢救突然发生的各种灾害事故。

③不存在②列出的任一种客观危险因素的高处作业按下表规定的A类法分级，存在②列出的一种或一种以上客观危险因素的高处作业按下表规定的B类法分级。

表4-1-2 高处作业分级

分类法	高处作业高度/m			
	2≤h≤5	5＜h≤15	15＜h≤30	h＞30
A	Ⅰ	Ⅱ	Ⅲ	Ⅳ
B	Ⅱ	Ⅲ	Ⅳ	Ⅴ

（2）作业要求

①作业人员应正确佩戴符合《安全带》（GB6095）要求的安全带。带电高处作业应使用绝缘工具或穿均压服。Ⅳ级高处作业（30米以上）宜配备通信联络工具。

②高处作业应设专人监护，作业人员不应在作业处休息。

③应根据实际需要配备符合《吊笼有垂直导向的人货两用施工升降机》（GB26557）等标准安全要求的吊笼、梯子、挡脚板、跳板等，脚手架的搭设应符合国家有关标准。

④在彩钢板屋顶、石棉瓦、瓦棱板等轻型材料上作业，应铺设牢固的脚手板并加以固定，脚手板上要有防滑设施。

⑤在临近排放有毒、有害的气体、粉尘的放空管线或烟囱等场所进行作业时，应预先与作业所在地有关人员取得联系，确定联络方式，并为作业人员配备必要的且符合相关国家标准的防护器具（如空气呼吸器、过滤式防毒面具或口罩等）。

⑥在雨天和雪天作业时，应采取可靠的防滑、防寒措施；遇有五级以上强风、浓雾等恶劣天气，不应进行高处作业、露天攀登或悬空高处作业；暴风雪、台风、暴雨后，应对作业安全设施进行检查，发现问题立即处理。

⑦作业使用的工具、材料、零件等应装入工具袋，上下时手中不应持物，不应投掷工具、材料及其他物品。易滑动、易滚动的工具、材料堆放在脚手架上时，应采取防坠落措施。

⑧与其他作业交叉进行时，应按指定的路线上下，不应上下垂直作业，如果确需垂直作业，应采取可靠的隔离措施。

⑨因作业必需临时拆除或变动安全防护设施时，应经作业审批人员同意，并采取相应的防护措施，作业后应立即恢复。

⑩作业人员在作业中如果发现异常情况，应及时发出信号，并迅速撤离现场。

拆除脚手架、防护棚时，应设警戒区并派专人监护，不应上部和下部同时施工。

6. 吊装作业

（1）作业分级

吊装作业按照吊装重物质量（m）不同分为：

①一级吊装作业：$m > 100t$。

②二级吊装作业：$40t \leqslant m \leqslant 100t$。

③三级吊装作业：$m < 40t$。

（2）作业要求

①三级以上的吊装作业，应制定吊装作业方案。吊装物体质量虽不足40t，但形状复杂、刚度小、长径比大、精密贵重，以及在作业条件特殊的情况下，也应制定吊装作业方案，吊装作业方案应经审批。

②吊装现场应设置安全警戒标志，并设专人监护，非作业人员禁止入内，安全警戒标志应符合《安全标志及其使用导则》（GB2894）的规定。

③不应靠近输电线路进行吊装作业。确需在输电线路附近作业时，起重机械的安全距离应大于起重机械的倒塌半径并符合《电业安全工作规程（电力线路部分）》（DL409）的要求；不能满足时，应停电后再进行作业。吊装场所如有含危险物料的设备、管道等时，应制定详细吊装方案，并对设备、管道采取有效防护措施，必要时停车，放空物料，置换后进行吊装作业。

④大雪、暴雨、大雾及六级以上风时，不应露天作业。

⑤作业前，作业单位应对起重机械、吊具、索具、安全装置等进行检查，确保其处于完好状态。

⑥应按规定负荷进行吊装，吊具、索具应经计算选择使用，不应超负荷吊装。

⑦不应利用管道、管架、电杆、机电设备等作为吊装锚点。未经土建专业审查核算，不应将建筑物、构筑物作为锚点。

⑧起吊前应进行试吊，试吊中检查全部机具、地锚受力情况，发现问题应将吊物放回地面，排除故障后重新试吊，确认正常后方可正式吊装。

⑨指挥人员应佩戴明显的标志，并按《起重吊运指挥信号》（GB5082）规定的联络信号进

行指挥。

⑩起重机械操作人员应遵守如下规定：

a. 按指挥人员发出的指挥信号进行操作；任何人发出紧急停车信号后均应立即执行；吊装过程中出现故障，应立即向指挥人员报告。

b. 重物接近或达到额定起重吊装能力时，应检查制动器，用低高度、短行程试吊后，再吊起。

c. 利用两台或多台起重机械吊运同一重物时应保持同步，各台起重机械所承受的载荷不应超过各自额定起重能力的80%。

d. 下放吊物时，不应自由下落（溜）；不应利用极限位置限制器停车。

e. 不应在起重机械工作时对其进行检修；不应在有载荷的情况下调整起升变幅机构的制动器。

f. 停工和休息时，不应将吊物、吊笼、吊具和吊索悬在空中。

g. 以下情况不应起吊：

（a）无法看清场地、吊物，指挥信号不明；

（b）起重臂吊钩或吊物下面有人，吊物上有人或浮置物；

（c）重物捆绑、紧固、吊挂不牢，吊挂不平衡，绳打结，绳不齐，斜拉重物，棱角吊物与钢丝绳之间没有衬垫；

（d）重物质量不明，与其他重物相连，埋在地下，与其他物体冻结在一起。

⑪司索人员应遵守如下规定：

a. 听从指挥人员的指挥，并及时报告险情。

b. 不应用吊钩直接缠绕重物及将不同种类或不同规格的索具混在一起使用。

c. 吊物捆绑应牢靠，吊点和吊物的重心应在同一垂直线上；起升吊物时应检查其连接点是否牢固、可靠；吊运零散件时，应使用专门的吊篮、吊斗等器具，吊篮、吊斗等不应装满。

d. 起吊重物就位时，应与吊物保持一定的安全距离，用拉伸杆或撑杆、钩子辅助其就位。

e. 起吊重物就位前，不应解开吊装索具。

f. ⑩中与司索人员有关的不应起吊的情况，司索人员应做相应处理。

⑫用定型起重机械（例如履带吊车、轮胎吊车、桥式吊车等）进行吊装作业时，还应遵守该定型起重机械的操作规程。

⑬作业完毕应做如下工作：

a. 将起重臂和吊钩收放到规定位置，所有控制手柄均应放到零位，电气控制的起重机械的电源开关应断开。

b. 对在轨道上作业的吊车，应将吊车停放在指定位置有效锚定。

c. 吊索、吊具应收回，放置到规定位置，并对其进行例行检查。

7. 临时用电作业

（1）在运行的生产装置、罐区和具有火灾爆炸危险场所内不应接临时电源，确需时应对周围环境进行可燃气体检测分析，分析结果应符合动火分析合格标准的要求。

（2）各类移动电源及外部自备电源，不应接入电网。

（3）动力和照明线路应分路设置。

（4）在开关上接引、拆除临时用电线路时，其上级开关应断电上锁并加挂安全警示标牌。

（5）临时用电应设置保护开关，使用前应检查电气装置和保护设施的可靠性。所有的临时用电均应设置接地保护。

（6）临时用电设备和线路应按供电电压等级和容量正确使用，所用的电器元件应符合国家相关产品标准及作业现场环境要求；临时用电电源施工、安装应符合《施工现场临时用电安全技术规范》（JGJ46）的有关要求，并有良好的接地。临时用电还应满足如下要求：

①火灾爆炸危险场所应使用相应防爆等级的电源及电气元件，并采取相应的防爆安全措施。

②临时用电线路及设备应有良好的绝缘性，所有的临时用电线路应采用耐压等级不低于500V的绝缘导线。

③临时用电线路经过有高温、振动、腐蚀、积水及产生机械损伤等区域，不应有接头，并应采取相应的保护措施。

④临时用电架空线应采用绝缘铜芯线，并应架设在专用电杆或支架上。其最大弧垂与地面距离，在作业现场不低于2.5米，穿越机动车道不低于5米。

⑤对须埋地敷设的电缆线路应设有走向标志和安全标志。电缆埋地深度不应小于0.7米，穿越道路时应加设防护套管。

⑥现场临时用电配电盘、箱应有电压标识和危险标识，应有防雨设施，盘、箱、门应能牢靠关闭并能上锁。

⑦行灯电压不应超过36V；在特别潮湿的场所或塔、釜、槽、罐等金属设备内作业，临时照明行灯电压不应超过12V。

⑧临时用电设施应安装符合规范要求的漏电保护器，移动工具、手持式电动工具应逐个配置漏电保护器和电源开关。

（7）临时用电单位不应擅自向其他单位转供电或增加用电负荷，以及变更用电地点和用途。

（8）临时用电时间一般不超过15天，特殊情况不应超过一个月。用电结束后，用电单位应及时通知供电单位拆除临时用电线路。

8．动土作业

（1）作业前，应检查工具、现场支撑是否牢固、完好，发现问题应及时处理。

（2）作业现场应根据需要设置护栏、盖板和警告标志，夜间应悬挂警示灯。

（3）在破土开挖前，应先做好地面和地下排水，防止地面水渗入作业层面造成塌方。

（4）作业前应首先了解地下隐蔽设施的分布情况，动土临近地下隐蔽设施时，应使用适当工具挖掘，避免损坏地下隐蔽设施。如暴露出电缆、管线及不能辨认的物品时，应立即停止作业，妥善加以保护，报告动土审批单位处理，经采取措施后方可继续动土作业。

（5）动土作业应设专人监护。挖掘坑、槽、井、沟等作业，应遵守下列规定：

①挖掘土方应自上而下逐层挖掘，不应采用挖底脚的办法挖掘；使用的材料、挖出的泥土应堆放在距坑、槽、井、沟边沿至少0.8米处，挖出的泥土不应堵塞下水道和窨井。

②不应在土壁上挖洞攀登。

③不应在坑、槽、井、沟上端边沿站立、行走。

④应视土壤性质、湿度和挖掘深度设置安全边坡或固壁支撑。作业过程中应对坑、槽、井、沟的边坡或固壁支撑架随时检查，特别是雨雪后和解冻时期，如发现边坡有裂缝、松疏或支撑有折断、走位等异常情况，应立即停止工作，并采取相应措施。

⑤在坑、槽、井、沟的边缘安放机械、铺设轨道及通行车辆时，应保持适当距离，采取有

效的固壁措施，确保安全。

⑥在拆除固壁支撑时，应从下而上进行；更换支撑时，应先装新的，后拆旧的。

⑦不应在坑、槽、井、沟内休息。

（6）作业人员在沟（槽、坑）下作业应按规定坡度顺序进行，使用机械挖掘时不应进入机械旋转半径内；深度大于 2 米时应设置人员上下的梯子等，保证人员快速进出设施；两个以上作业人员同时挖土时应相距 2 米以上，防止工具伤人。

（7）作业人员发现异常时，应立即撤离作业现场。

（8）在化工危险场所动土时，应与有关操作人员建立联系；当化工装置突然排放有害物质时，化工操作人员应立即通知动土作业人员停止作业，迅速撤离现场。

（9）施工结束后应及时回填土石，并恢复地面设施。

9. 断路作业

（1）作业前，作业申请单位应会同本单位相关主管部门制定交通组织方案，方案应能保证消防车和其他重要车辆的通行，并满足应急救援要求。

（2）作业单位应根据需要在断路的路口和相关道路上设置交通警示标志，在作业区附近设置路栏、道路作业警示灯、导向标等交通警示设施。

（3）在道路上进行定点作业，白天不超过 2 小时、夜间不超过 1 小时即可完工的，在有现场交通指挥人员指挥交通的情况下，只要作业区设置了相应的交通警示设施，即白天设置了锥形交通路标或路栏，夜间设置了锥形交通路标或路栏及道路作业警示灯，可不设标志牌。

（4）在夜间或雨、雪、雾天进行作业应设置道路作业警示灯，警示灯设置要求如下：

①采用安全电压。

②设置的高度应离地面 1.5 米，不应低于 1.0 米。

③其设置应能反映作业区的轮廓。

④应能发出 150 米以外清晰可见的连续、闪烁或旋转的红光。

（5）断路作业结束后，作业单位应清理现场，撤除作业区、路口设置的路栏、道路作业警示灯、导向标等交通警示设施。申请断路单位应检查核实，并报告有关部门恢复交通。

10. 化工安全生产过程中显现的问题及相关的原因

（1）化工安全生产中显现的问题。化工安全生产过程中员工的安全意识不高、对相关设备的利用不够科学、对产生的污染废弃物随便乱扔；企业的管理层或领导层过度追求经济利益，不顾员工生命安全，胡乱地指挥，让员工冒险工作导致发生重大事故，并且经常说安全第一，但实际情况是生产第一。

（2）化工生产中发生安全事故时，安全管理员有着不可推卸的责任。但是，他们在企业中具有的权利没有充分地展示，导致他们的权利义务在化工生产过程中被忽略了。员工在生产过程中自我保护的意识很差，经常出现违规操作及违章指挥，平时工作时，凭借以前的经验，不根据实际情况，随意地操作。

（3）化工生产各部门之间缺乏协调配合。化工产品的安全生产管理是一项具有综合性、系统性和复杂性的工作，需要的是化工企业各部门之间的相互配合，只有相互配合，才能共同发现不足并解决问题，提高生产效率。

11. 解决安全问题的措施与对策

（1）完善安全管理制度，对员工进行安全知识教育。

一个企业要想得到好的发展，企业内部必须制定合理的规章制度。化工生产企业要想有效解决化工生产中存在的问题，就要根据国家法律，比如《安全管理生产制度》，制定完善的安全管理制度，使得操作人员在操作的过程中严格按照规章制度作业，不得违章作业，不遵守这些安全规章制度的可以在薪酬上给与相应处罚。同时，对员工进行安全知识教育，加大安全管理过程中的投资。定期对员工进行安全知识教育，举行安全知识讲座，宣传安全知识，并针对相关安全知识对员工进行考核。这些安全知识包括如何防止减少安全事故的发生、危险化学品识别、有毒有害物质的正确处理应对方式、安全生产时安全工具的使用方面的知识，从而增强员工的法律和安全意识，使得企业的员工都能够参与到安全管理的过程中去。对于从事危险岗位的人员，则要要求他们出示岗位操作合格证明。

（2）对化工生产中易发生的安全事故做好安全防护措施。

化工企业要充分做好安全事故的防范工作，就要做好安全防护措施，增加安全生产设施设备的资金投入，使得整个生产过程可以高效安全地完成，为生产创造一个安全的运行环境。对危险的原料产品要分开处理，现场操作时，做好现场施救方案的策划，使得化学事故在发生时可得到有效救援。

（3）废旧化工安全装置拆除时，做好安全管理工作。

废旧化工装置在拆除时，很容易发生一些安全事故。因此，在废旧化工装置拆除时，要根据拆除装置的实际情况，制定出合理的、安全的操作方案和拆除过程中会出现的不安全问题的一些防护措施；拆除过程中要注意保持装置整体的干净和清洁性，把易燃易爆的物品移开，最后由专业人员进行拆除。

（4）加强对市场中设备安全的整治力度。

首先，在化工生产中，要加强对设备安全的检查力度，对不符合生产规范、不安全的设备都要严加把关，直到设备符合安全生产的条件为止，如果不符合，就强制性关闭。不受利益的鼓动诱惑而忽略安全生产的重要性。其次，对生产过程中出现的事故要严加查处，并给与相关负责人员一定的处罚，对那些发生过严重安全事故的企业还要根据法律依法追究责任。

（5）充分利用媒体、社会舆论的监督作用。

化工生产中安全事故造成的人员伤亡数量、企业安全制度的完善性，这些都需要社会舆论和媒体的报道，通过媒体对事故的真实报道和社会群众的监督，来增强企业的安全防护意识。总体来说，企业必须平衡好安全生产和经济利益之间的关系，及时发现不安全的生产因素，并积极采取治理措施。

本章练习

1. 下列作业中，不属于化学品生产单位特殊作业的是（   ）。

A. 动火作业   B. 喷漆作业

C. 高处作业   D. 吊装作业

【答案】B

【解析】特种作业：化学品生产单位设备检修过程中可能涉及的动火、进入受限空间、盲板抽堵、高处作业、吊装、临时用电、动土、断路等，对操作者本人、他人及周围建（构）筑物、设备、设施的安全可能造成危害的作业。

2. 在化学品生产单位内交通主、支路与车间引道上进行工程施工、吊装、吊运等各种影响正常交通的作业属于（   ）

A. 吊装作业   B. 断路作业

C. 动土作业   D. 盲板抽堵作业

【答案】B

【解析】断路作业是指在化学品生产单位内交通主、支路与车间引道上进行工程施工、吊装、吊运等各种影响正常交通的作业。

3. 在解决安全问题的措施与对策中，不属于完善安全管理制度的是（   ）。

A. 对员工进行安全知识教育

B. 举行安全知识讲座

C. 对员工进行考核

D. 增加安全生产设施设备的资金投入

【答案】D

【解析】D选项属于对化工生产中易发生的安全事故做好安全防护措施的内容。

第五章　化学品储运安全技术

■ **考试内容及要求**

　　运用化工安全相关技术和标准，掌握重点监管的危险化学品包装、储存、装卸、运输安全技术要求，对包装、储存、装卸、运输作业中的风险进行辨识，制定并实施安全技术措施；了解其他化学品包装、储存、装卸、运输过程中的安全技术要求。

第一节　危险化学品的包装、存储、装卸、运输

　　危险化学品安全管理，应当坚持安全第一、预防为主、综合治理的方针，强化和落实企业的主体责任。

　　生产、储存重点监管的危险化学品的企业，应根据本企业工艺特点，装备功能完善的自动化控制系统，严格工艺、设备管理。对使用重点监管的危险化学品数量构成重大危险源的企业的生产储存装置，应装备自动化控制系统，实现对温度、压力、液位等重要参数的实时监测。

　　生产重点监管的危险化学品的企业，应针对产品特性，按照有关规定编制完善的、可操作性强的危险化学品事故应急预案，配备必要的应急救援器材、设备，加强应急演练，提高应急处置能力。

一、危险化学品的包装

　　危险化学品生产企业应当提供与其生产的危险化学品相符的化学品安全技术说明书，并在危险化学品包装（包括外包装件）上粘贴或者拴挂与包装内危险化学品相符的化学品安全标签。化学品安全技术说明书和化学品安全标签所载明的内容应当符合国家标准的要求。

　　危险化学品生产企业发现其生产的危险化学品有新的危险特性的，应当立即公告，并及时修订其化学品安全技术说明书和化学品安全标签。危险化学品的包装应当符合法律、行政法规、规章的规定及国家标准、行业标准的要求。危险化学品包装物、容器的材质，以及危险化学品包装的型式、规格、方法和单件质量（重量），应当与所包装的危险化学品的性质和用途相适应。

　　生产列入国家实行生产许可证制度的工业产品目录的危险化学品包装物、容器的企业，应当依照《中华人民共和国工业产品生产许可证管理条例》的规定，取得工业产品生产许可证；其生产的危险化学品包装物、容器，经国务院质量监督检验检疫部门认定的检验机构检验合格，方可出厂销售。运输危险化学品的船舶及其配载的容器，应当按照国家船舶检验规范进行生产，并经海事管理机构认定的船舶检验机构检验合格，方可投入使用。

　　对重复使用的危险化学品包装物、容器，使用单位在重复使用前应当进行检查；发现存在

安全隐患的，应当维修或者更换。使用单位应当对检查情况作出记录，记录的保存期限不得少于2年。

危险化学品包装物有害因素识别：

（1）包装的结构是否合理、有一定的强度，防护性能是否好。包装的材质、型式、规格、方法和单件质量（重量），是否与所装危险货物的性质和用途相适应，以便于装卸、运输和储存。

（2）包装的构造和封闭形式是否能承受正常运输条件下的各种作业风险，不应因温度、湿度或压力的变化而发生任何渗（撒）漏，包装表面不允许粘附有害的危险物质。

（3）包装与内装物直接接触部分是否有内涂层或进行防护处理，包装材质是否与内装物发生化学反应而形成危险产物或导致削弱包装强度。内容器是否固定。

（4）盛装液体的容器是否能经受在正常运输条件下产生的内部压力。灌装时是否留有足够的膨胀余量（预留容积），除另有规定外，能否保证在温度55℃时，内装液体不致完全充满容器。

（5）包装封口是否根据内装物性质采用严密封口、液密封口或气密封口。

（6）盛装需浸湿或加有稳定剂的物质时，其容器封闭形式是否能有效地保证内装液体（水、溶剂和稳定剂）的百分比，在储运期间保持在规定的范围以内。

（7）有降压装置的包装，其排气孔设计和安装是否能防止内装物泄漏和外界杂质进入，排出的气体量不得造成危险和污染环境。

（8）复合包装的内容器和外包装是否紧密贴合，外包装是否会擦伤内容器的凸出物。

（9）盛装爆炸品包装的附加危险、有害因素识别：

①盛装液体爆炸品容器的封闭形式是否具有防止渗漏的双重保护。

②除内包装能充分防止爆炸品与金属物接触外，铁钉和其他没有防护涂料的金属部件是否能穿透外包装。

③双重卷边接合的钢桶、金属桶或以金属做衬里的包装箱是否能防止爆炸物进入隙缝。钢桶或铝桶的封闭装置是否有合适的垫圈。

④包装内的爆炸物质和物品，包括内容器，必须衬垫受实，在运输中不得发生危险性移动。

⑤盛装有对外部电磁辐射敏感的电引发装置的爆炸物品，包装应具备防止所装物品受外部电磁辐射源影响的功能。

二、危险化学品的储存

国家对危险化学品的生产、储存实行统筹规划、合理布局。

生产、储存危险化学品的单位，应当对其铺设的危险化学品管道设置明显标志，并对危险化学品管道定期进行检查、检测。

危险化学品不可以随意存放。防止在危险化学品储存区和作业场所存在火灾、爆炸和中毒等风险。实际上，危险化学品储存区存在的化学品更多，情况更复杂，发生化学品泄漏、不互容性化学品混合的危险性更高。化学品的多样性也造成了作业人员忽视处置危险化学品时存在的风险。

危险化学品生产装置或者储存数量构成重大危险源的危险化学品储存设施（运输工具、加油站、加气站除外），与下列场所、设施、区域的距离应当符合国家有关规定：

①居住区及商业中心、公园等人员密集场所。

②学校、医院、影剧院、体育场（馆）等公共设施。

③饮用水源、水厂及水源保护区。

④车站、码头（依法经许可从事危险化学品装卸作业的除外）、机场，以及通信干线、通信枢纽、铁路线路、道路交通干线、水路交通干线、地铁风亭及地铁站出入口。

⑤基本农田保护区、基本草原、畜禽遗传资源保护区、畜禽规模化养殖场（养殖小区）、渔业水域及种子、种畜禽、水产苗种生产基地。

⑥河流、湖泊、风景名胜区、自然保护区。

⑦军事禁区、军事管理区。

⑧法律、行政法规规定的其他场所、设施、区域。

储存数量构成重大危险源的危险化学品储存设施的选址，应当避开地震活动断层和容易发生洪灾、地质灾害的区域。

让不互容性化学品互相远离仅仅是危险化学品储存区域安全措施之一，另一个必要的措施是确保化学品储存在适当的包装容器内。例如，易燃液体应储存在防火或耐燃性安全容器内——而不是普通塑料容器——并定期检查以免发生泄漏。在许多情况下，易燃物储存包装必须符合防火标准的要求。

化学危险物品必须储存在专用仓库、专用场地或专用储存室（柜）内，并设专人管理。化学危险品专用仓库，应当符合有关安全、防火规定，并根据物品的种类、性质，设置相应的通风、防爆、泄压、防火、防雷、报警、灭火、防晒、调温、消除静电、防护围堤等安全设施。化学危险物品应当分类分项存放，堆垛之间的主要通道应当有安全距离，不得超量储存。遇火、遇潮容易燃烧、爆炸或产生有毒气体的化学危险物品，不得在露天、潮湿、漏雨和低洼容易积水的地点存放。受阳光照射容易燃烧、爆炸或产生有毒气体的化学危险物品和桶装、罐装等易燃液体、气体应当在阴凉通风地点存放。

灭火方法相互抵触的化学危险物品，不得在同一仓库或同一储存室内存放。储存化学危险物品的仓库内严禁吸烟和使用明火，对进入仓库区的机动车辆必须采取防火措施。储存化学危险物品的仓库，应当根据消防条例，配备消防力量和灭火措施及通信、报警装置。

数量大的易燃液体可能需要用储罐储存，储罐必须可靠接地以防火灾。也可以考虑以下方法来增加化学品储存区域的安全性：

①将用大瓶保存的酸类化学品放置在储架的下方，便于取用。

②将储存液体的容器放置在储存干燥物品的下面位置。

③桶装储存的，不要叠放。

化学品存储安全检查：

①在入库或出库前，应仔细核对化学品安全技术说明书，找出避免接触的事物（光、水、空气、高或低的温度、其它化学药品），防止发生危险反应。

②合理规划储存区域，避免运送不互容性化学品经过。

③储存物品与消防喷淋装置之间应保持45.72厘米的距离——如果储存的是易燃液体，应保持91.44厘米的距离。

④取用化学品后应密闭容器。

⑤处置化学品时，应穿戴适当的个体防护装备。核对化学品安全技术说明书（MSDS）中的指示信息。如果处置密闭容器，那么应穿戴适当的防护手套和安全防护目镜。当用储罐或小

型容器运输危险化学品时，储罐或小型容器应可靠接地。

■▶ 典型例题 ◀■

下列方法措施中，能够增加化学品储存区域的安全性的有（　　）。

A. 将用大瓶保存的酸类化学品放置在储架的下方，便于取用

B. 将储存液体的容器放置在储存干燥物品的下面位置

C. 桶装储存时可以叠放

D. 桶装储存时不能叠放

E. 将用大瓶保存的酸类化学品放置在储架的上方，便于存放

【答案】ABD

【解析】数量大的易燃液体可能需要用储罐储存，储罐必须可靠接地以防火灾。我们也可以考虑以下方法来增加化学品储存区域的安全性：

①将用大瓶保存的酸类化学品放置在储架的下方，便于取用。

②将储存液体的容器放置在储存干燥物品的下面位置。

③桶装储存的，不要叠放。

三、危险化学品的装卸与运输

1. 基本要求

（1）危险化学品道路运输企业、水路运输企业的驾驶人员、船员、装卸管理人员、押运人员、申报人员、集装箱装箱现场检查人员应当经交通运输主管部门考核合格，取得从业资格。

危险化学品的装卸作业应当遵守安全作业标准、规程和制度，并在装卸管理人员的现场指挥或者监控下进行。水路运输危险化学品的集装箱装箱作业应当在集装箱装箱现场检查人员的指挥或者监控下进行，并符合积载、隔离的规范和要求；装箱作业完毕后，集装箱装箱现场检查人员应当签署装箱证明书。

（2）运输危险化学品，应当根据危险化学品的危险特性采取相应的安全防护措施，并配备必要的防护用品和应急救援器材。用于运输危险化学品的槽罐以及其他容器应当封口严密，能够防止危险化学品在运输过程中因温度、湿度或者压力的变化发生渗漏、洒漏；槽罐以及其他容器的溢流和泄压装置应当设置准确、启闭灵活。

运输危险化学品的驾驶人员、船员、装卸管理人员、押运人员、申报人员、集装箱装箱现场检查人员，应当了解所运输的危险化学品的危险特性及其包装物、容器的使用要求和出现危险情况时的应急处置方法。

（3）通过道路运输危险化学品的，托运人应当委托依法取得危险货物道路运输许可的企业承运。

通过道路运输危险化学品的，应当按照运输车辆的核定载质量装载危险化学品，不得超载。危险化学品运输车辆应当符合国家标准要求的安全技术条件，并按照国家有关规定定期进行安全技术检验。危险化学品运输车辆应当悬挂或者喷涂符合国家标准要求的警示标志。

通过道路运输危险化学品的，应当配备押运人员，并保证所运输的危险化学品处于押运人员的监控之下。运输危险化学品途中因住宿或者发生影响正常运输的情况，需要较长时间停车的，驾驶人员、押运人员应当采取相应的安全防范措施；运输剧毒化学品或者易制爆危险化学品的，还应当向当地公安机关报告。

未经公安机关批准，运输危险化学品的车辆不得进入危险化学品运输车辆限制通行的区

域。危险化学品运输车辆限制通行的区域由县级人民政府公安机关划定，并设置明显的标志。

通过道路运输剧毒化学品的，托运人应当向运输始发地或者目的地县级人民政府公安机关申请剧毒化学品道路运输通行证。申请剧毒化学品道路运输通行证，托运人应当向县级人民政府公安机关提交下列材料：

①拟运输的剧毒化学品品种、数量的说明。

②运输始发地、目的地、运输时间和运输路线的说明。

③承运人取得危险货物道路运输许可、运输车辆取得营运证以及驾驶人员、押运人员取得上岗资格的证明文件。

④《危险化学品安全管理条例》规定的购买剧毒化学品的相关许可证件，或者海关出具的进出口证明文件。

剧毒化学品、易制爆危险化学品在道路运输途中丢失、被盗、被抢或者出现流散、泄漏等情况的，驾驶人员、押运人员应当立即采取相应的警示措施和安全措施，并向当地公安机关报告。

（4）通过水路运输危险化学品的，应当遵守法律、行政法规以及国务院交通运输主管部门关于危险货物水路运输安全的规定。

拟交付船舶运输的化学品的相关安全运输条件不明确的，货物所有人或者代理人应当委托相关技术机构进行评估，明确相关安全运输条件并经海事管理机构确认后，方可交付船舶运输。

禁止通过内河封闭水域运输剧毒化学品以及国家规定禁止通过内河运输的其他危险化学品。此外的内河水域，禁止运输国家规定禁止通过内河运输的剧毒化学品以及其他危险化学品。

通过内河运输危险化学品，应当由依法取得危险货物水路运输许可的水路运输企业承运，其他单位和个人不得承运。托运人应当委托依法取得危险货物水路运输许可的水路运输企业承运，不得委托其他单位和个人承运。

通过内河运输危险化学品，应当使用依法取得危险货物适装证书的运输船舶。水路运输企业应当针对所运输的危险化学品的危险特性，制定运输船舶危险化学品事故应急救援预案，并为运输船舶配备充足、有效的应急救援器材和设备。

通过内河运输危险化学品的船舶，其所有人或者经营人应当取得船舶污染损害责任保险证书或者财务担保证明。船舶污染损害责任保险证书或者财务担保证明的副本应当随船携带。

通过内河运输危险化学品，危险化学品包装物的材质、型式、强度以及包装方法应当符合水路运输危险化学品包装规范的要求。

用于危险化学品运输作业的内河码头、泊位应当符合国家有关安全规范，与饮用水取水口保持国家规定的距离。

船舶载运危险化学品进出内河港口，应当将危险化学品的名称、危险特性、包装以及进出港时间等事项，事先报告海事管理机构。

在内河港口内进行危险化学品的装卸、过驳作业，应当将危险化学品的名称、危险特性、包装和作业的时间、地点等事项报告港口行政管理部门。

载运危险化学品的船舶在内河航行，通过过船建筑物的，应当提前向交通运输主管部门申报，并接受交通运输主管部门的管理。

载运危险化学品的船舶在内河航行、装卸或者停泊，应当悬挂专用的警示标志，按照规定显示专用信号。

载运危险化学品的船舶在内河航行，按照国务院交通运输主管部门的规定需要引航的，应当申请引航。

载运危险化学品的船舶在内河航行，应当遵守法律、行政法规和国家其他有关饮用水水源保护的规定。内河航道发展规划应当与依法经批准的饮用水水源保护区划定方案相协调。

（5）托运危险化学品的，托运人应当向承运人说明所托运的危险化学品的种类、数量、危险特性以及发生危险情况的应急处置措施，并按照国家有关规定对所托运的危险化学品妥善包装，在外包装上设置相应的标志。

运输危险化学品需要添加抑制剂或者稳定剂的，托运人应当添加，并将有关情况告知承运人。

托运人不得在托运的普通货物中夹带危险化学品，不得将危险化学品匿报或者谎报为普通货物托运。

任何单位和个人不得交寄危险化学品或者在邮件、快件内夹带危险化学品，不得将危险化学品匿报或者谎报为普通物品交寄。邮政企业、快递企业不得收寄危险化学品。

（6）通过铁路、航空运输危险化学品的安全管理，依照有关铁路、航空运输的法律、行政法规、规章的规定执行。

2. 对装卸操作人员的工作要求

（1）在危险化学品进行装卸前，要根据有关要求检查车辆的资质和安全附件是否齐全。

（2）装卸危险化学品，必须由经过培训合格的人员负责，其他人不得擅自操作。

（3）操作人员在装卸危险化学品期间不得脱离岗位，当班不能装卸完毕或有紧急情况需交下一班次或其他人继续装卸时，一定要以书面的形式交代清楚，防止发生物料的泄漏。

（4）装卸、搬运危险化学品时应做到轻装、轻卸。严禁摔、碰、撞击、拖拉、倾倒和滚动。

（5）装卸对人体有毒害及腐蚀性物品时，操作人员应具有操作毒害品的一般知识，操作时轻拿轻放，不得碰撞、倒置，防止包装破损物料外溢。操作人员应戴防护眼镜、佩戴胶皮手套和相应的防毒口罩或面具，穿防护服。

（6）作业中不得饮食，不得用手擦嘴、脸、眼睛。每次作业完毕，应及时用肥皂（或专用洗涤剂）洗净面部、手部，用清水漱口，防护用具应及时清洗，集中存放。

（7）装卸易燃液体时需穿防静电工作服，禁止穿带铁钉的鞋子。桶装的易燃液体物料不得在水泥地面滚动。桶装的各种氧化剂也不得在水泥地面滚动。

（8）各项操作不得使用沾染油污及异物和能产生火花的机具，作业现场需远离热源和火源。

（9）装卸危险化学品时，操作人员不得做与工作无关的事情，集中精力注意装卸的情况，以便于出现异常情况时，及时采取应急措施。

（10）工作前应认真检查所用工具是否完好可靠，开启易燃易爆的桶装物料的桶盖时，应使用铜或者铜铝合金的专业扳手。

（11）各车辆装卸点所配备的消防器材及急救药品，要进行经常性的检查，确保其有效完好；如存在失效、数量不够等现象，要及时报告。

（12）应熟练掌握装卸过程中的一般事故处理方法和防护用具、消防器材的使用方法。

3. 对运输槽车随车人员的工作要求

（1）汽车危险货物运输、装卸应符合《汽车危险货物运输规则》的有关规定。

（2）从事危险货物运输、装卸的人员，必须按国家有关规定进行岗位培训，凭专业岗位操作证书上岗作业。

（3）从事危险货物运输、装卸人员对所运危险货物要掌握其化学和物理性质及应急措施。

（4）运输、装卸作业时，必须正确使用劳动防护用品。

（5）进入装卸作业区前，必须安装防火罩，不准随身携带火种，装卸易燃易爆危险货物时，不准穿带有铁钉的工作鞋和穿着易产生静电的工作服。

（6）车辆进入危险货物装卸作业区，驾驶员应按有关安全规定驶入装卸货区。

（7）车辆停靠货垛时，应听从作业区指定人员的指挥，车辆与货垛之间要留有安全距离；待装、待卸车辆与装卸货物的车辆应保持足够的安全距离并不准堵塞安全通道。驾驶员不准离开车辆。

（8）装卸过程中，车辆的发动机必须熄灭并切断总电源。在有坡度的场地装卸货物时，必须采取防止车辆溜坡的有效的措施。

（9）在装卸过程中，驾驶员负责监卸，办理货物交接签证手续时要点收点交。装车完毕，驾驶员必须对货物的堆码、遮盖、捆扎等安全措施及对影响车辆启动的不安全因素进行检查。

（10）装卸过程中须要移动车辆时，应先关上车厢门或拦板。若原地关不上时，必须有人监护，在保护安全情况下才能移动车辆，起步要慢，停炉要稳。

（11）禁止在装卸作业区内维修车辆。

（12）危险货物运达卸货地点后，因故不能及时卸货，在待卸期间，行车人员应会同押运人员负责看管货物。

（13）在装卸点作业的司机及押运员不得擅自脱离车辆，干与工作无关的事，更不得进入其他区域。

4. 装卸作业要求

（1）包装件装卸作业要求

①保管员应详细核对货物名称、规格、数量是否与托运单证相符，并认真检查货物包装标志的完整状况。包装不符合安全规定的应拒绝卸车。

②装卸操作人员应根据货物包装的类型、体积、重量、件数的情况，并根据包装上储运图示标志的要求，轻拿轻放、谨慎操作，严防跌落、摔碰，禁止撞击、拖拉、翻滚、投郑。同时，必须做到：

a. 堆码整齐、靠紧妥贴，易于点数；

b. 堆码时，桶口、箱盖朝上，允许横倒的桶口及袋装货物的袋口应朝里；

c. 装载平衡，高出拦板的最上一层包装件，堆码时应从车厢两面向内错位骑缝堆码，超出车厢前拦板的部分不得大于包装件高度的二分之一；

d. 装运高出车厢拦板的货物，装车后，必须用绳索捆扎牢固，易滑动的包装件，须用防散失的网罩覆盖并用绳索捆扎牢固或用苫布覆盖严密，须用两块苫布覆盖货物时，中间接缝处须有大于15厘米的重叠盖，且车厢前半部分苫布需压在后半部分苫布上；

e. 装有通气孔的包装件，不准倒置、侧置，防止所装货物泄漏或进入杂质造成危害。

③机械装卸作业时，必须按核定负荷量减载25%，装卸人员必须服从现场指挥，防止货物剧烈晃动、碰撞、跌落。

④不得用同一个车辆运输互为禁忌的物料，包括库内搬运。

⑤装卸时应做到轻装轻放，重不压轻，大不压小，堆放平稳，捆扎牢靠。

⑥装卸操作人员堆放各种固体原料及桶装物料时，不可倾斜，高度要适当，不准将物料堆放在安全通道内。

（2）液体物料的装卸作业要求

①装卸液体物料时，运输车辆的储槽的出口与软管的连接处一定要捆绑牢靠，在装卸过程中操作人员一定要坚守岗位，以防止意外泄漏。在装卸物料的过程中严禁车辆随便开动，如需开动爬坡卸料时，必须关闭车槽出口的出口阀，拆除软管。

②装卸易燃易爆物料时，车辆须爬坡卸料时，所采用的爬坡设施必须有防止产生火花的安全措施。

③装卸易燃可燃液体时，应在阴凉通风处进行，避免在阳光直射、天气炎热的情况下装卸。

④装卸易燃可燃液体时，操作人员应全面了解各项安全措施是否到位，包括静电接地线良好接触、充装软管、阀门对接良好，槽车停靠固定物到位等。

⑤装卸作业时，必须先将车体有效接地，静止2分钟后取样卸料。

⑥作业完毕，要经过规定的静止时间，才能进行拆除接地线等其他作业。

⑦充装过程中时刻注意槽车液位、压力，坚守现场，随时处置突发情况。

⑧操作人员要自始至终坚守充装现场，充装完毕后检查各有关阀门是否关严，确认无误后方可离开现场。

四、危险化学品的包装、存运风险与安全技术措施

1. 危险化学品的风险及主要特性

（1）易燃易爆性

在常温常压下，若有摩擦、撞击、火源、热源等条件存在，易燃易爆化学品可能发生自燃、剧烈燃烧甚至爆炸。易燃易爆化学品的结构和物质组成以及当时的环境条件决定了其燃烧爆炸的能力。

（2）毒害性

化学物质分为脂溶性和水溶性两种，无论是哪一种，有毒的化学物质都能渗入机体并影响机体的正常功能。

（3）突发性

危险化学品事故经常在很短时间内甚至是瞬间发生，时间短，威力大，没有先兆，猝不及防的事故会加重对人员和财产的伤害。

（4）扩散性

有害化学物质溢出之后，会向周围环境中扩散，密度比空气小的可燃性气体在空气中扩散非常迅速，其与空气形成的混合物，随着气流飘荡各处，会使危害蔓延扩大。比空气密度大的物质一般聚集在地表、沟河、角落等地势低洼处，如果长时间积聚不扩散，会存在潜在危险，比如迟发性燃烧、爆炸和人员中毒等。

2. 危险化学品储运安全管理的现状

（1）我国危险化学品储运现状分析

中国当前储存危险化学品库房主要有平房库房存储、储罐式储存、立体库房储存、货场露天存储和货棚存储五种库型，其中平房库房占60%以上的比例，而且我国还规定危险化学品

仓储禁止采用楼房库房。目前，我国大型国有危险化学品企业储运管理水平相对比较高，大多数符合现代化规范，实现了机械化、科学化、自动化作业水平，仓储管理人员的作业素质和责任意识较高，安全作业保证较好。而民营和个体仓储公司一般规模不大，管理水平一般，危险化学品行业人员安全管理意识、管理人员业务水平和管理经验较差。这些公司没有重视对危险化学品进行分库、分区位、分类储存养护，常会把化学性质不一样、灭火方法不一样的危险化学品堆积在同一库房，致使应急管理无法实施，人员的安全责任心无法用安全管理制度落实到实际生产中去，容易导致事故发生。

（2）我国危险化学品运输现状分析

我国危险化学品的运送每年重大事故频发，安全管理状况不佳，造成了国家财产和人民生命的严重损失，其中绝大部分是缺少资质的个体运送户和非专业从事危险化学品运送的企业。剖析形成危险化学品运输事故的主要原因：首先，驾驶人员违规操作，对危险化学品安全知识掌握较少，对事故的应急处置不当，违背危险化学品运送管理规定，行车过程中乱停乱放、超速、超载行车；其次，驾驶人员未经专业安全培训，缺少专业运送常识，预防认识不足，险情发生时的应急处置能力差。

3. 危险化学品储存与运输的安全管理措施

（1）危险化学品储存的安全管理措施

①危险化学品仓库选址。

在挑选危险化学品仓库建造地时，应当在远离城市供水源、人群密集的居民区、城市主要路网和交通干线、江河湖海、农田等地进行选址，易燃易爆的危险化学品放置在地势低洼处，桶装易燃液体放在库内，而炸药和爆破物品储存于专用的地下设备和防爆防热设备仓库以内，依据危险化学品的特性和城市总体规划，挑选距人口密集地较远的空位选址。

②危险化学品库安全管理。

我国对危险化学品管理的法律法规和办理部门的具体要求，明确指出了相关企业应当实行挂号和报告的责任，要严格实行出入库准则，健全完善的安全防控规章办理程序，依据危险化学品的性质和特色，严格落实危险化学品分区储存，分库储存，分类储存与养护的管理准则。在危险化学品入库时，仓库管理人员要严格控制仓库进出人员，细心核对进出人员和车辆的证件，核查危险化学品品名、标准、用处、包装、标志、数量等信息，在断定无误后做好挂号作业，值班人员做好交接作业。危险化学品出库时，仓库装卸车管理人员要仔细核对危险化学品信息，对营运单位车辆、人员信息要认真检查核对，必须按照危险化学品车辆的营运资质和车辆信息认真登记，杜绝向不符合要求的单位、个人及车辆进行危化品的装卸。在应急处置方面，危化品库房应当具备满的消防设施和稳定的配电系统，电源线路严格按照防爆要求设置，禁止仓库周围堆积其他货物或其他物品，保证消防通道的通畅，危化品管理人员必须经过专业的培训合格后持证上岗。在储运过程中严格控制危险化学品的温度，对储存场所定期进行安全检查，及时处理存在的隐患。

（2）危险化学品装卸作业安全管理措施

在装卸工作过程中，必须严格遵守危险化学品装卸工作的操作规章制度，要做到文明装卸工作，防止发生碰击、碰擦、震晃和跑、冒、滴、漏等情况。装卸转移危险化学品宜选在白天进行，在户外应尽量防止日晒。夏天宜在早晚进行，避开高温时段，如必须在夜间进行的危化品装卸车工作，应保证现场足够的照明，在冰雪恶劣天气时，应落实现场的防滑措施。各种装卸工具要注意定时年检和年审，保证充足的安全系数，每个器械须事前进行消除产生火花隐患的处理。装卸操作人员应一致规范着装，穿戴防护服装防止静电。当危险化学品库房出现紧急意外情况时，应立即上报安全管理部门并组织现场人员疏散，采取应急措施。相关作业人员应定期对危化品的应急预案进行演练，保证发生事故时人员的应急处置步骤对事故现场的有效控制。对废弃的危险化学品和包装容器要经过无害化处理，不得遗留污染危险。剧毒危险品、放射品、爆炸品等危险品被盗、丢失或误用时，应立即向公安部门报告，避免对社会造成损害。

（3）危险化学品运输安全管理措施

依据国务院发布的《危险化学品安全管理条例》，对从事专业装运危险化学品的公司、单位和个人，必须依法从事运营，保证运送安全。运送危险化学物品要事前了解货品的性能和消防、环保等应急处理办法，对包装容器、物品和防护设备要仔细检查，禁止危险化学品漏、散和车辆带病运转。禁止将有理化特性冲突的危险化学品混装在同一辆车运送，各种机动车进入危险化学品库区、场所时，必须在消声器上安装阻火器后，方能进入。危险化学品运送的车辆，应对槽车罐体及安全附件进行定期的检查，确保完好备用，要及时进行清洁、消毒处理，在清洁、消毒时，应注意危险物品的性质，掌握清洁、消毒常识，避免污染或引起中毒等事故。装运危险物品的车辆，应装备一定的消防器材、急救药品、黄色三角旗或危险品警示标志等。道路运输过程中，驾驶人员不得随意泊车。对于运输危险化学品的人员，各单位应当在其上岗前进行专业培训，各单位定期组织对最新有关危化品运输管理知识的学习，对从业人员进行经常性安全生产、职业道德、业务常识和操作规程的教育培训。

（4）建立安全监管体系

我国在危险化学用品的管理上应当充分借鉴国外的先进管理方式，化学品安全监管部门应建立协调机制，加强彼此间的沟通和合作。传递和共享各种安全管理信息源，建立监管部门之间的常态合作协调机制，整合我国危险化学品安全监管网络。结合我国的实际情况，制定并完善在危险化学用品管理上的法律，确保从业单位有法可依，执法部门在执法过程中执法必严。制定的法规一定要有长远眼光，法规应当具有较强的实用性和可操作性，同时应当依据变化及时对法规做出调整。

（5）对安全监管进行全程监控

要从法律上强调危险化学用品登记的重要性，利用法律制度强制企业对危险化学用品进行登记，将危险化学用品登记作为企业生产和进入市场的必须条件，生产条件不符的企业无法通过审计审核，相关部门可取消该企业生产、运输、存储危险化学用品的资格。危险化学用品涉及的行业多、环节多、部门多，因此监管过程烦琐，政府部门要对所有的危险化学用品登记，建立危险化学用品数据库，对管辖区域内的危险化学用品的生产、运输、运用、废弃处理等实施实时监管。

（6）建立急救应急体系

事故应急救援工作是政府的责任，政府应当进一步对预案体系进行完善，对可能存在的风险进行详细分析，围绕危险化学用品引发的事故建立急救应急体系，并不定期地进行急救演练，全面提高对危险化学用品引发事故的急救水平。国家应当加大在应急救援上的投资，确保社会的稳定发展。在应急救援过程中，相关的部门应当相互合作、分工明确、降低内耗。在我国的诸多城市已经成立了化学危险品事故应急救援中心，加强了我国在危险化学品引起发事故上的应急救援工作，提高了对危险化学品的管理水平。

第二节　化学品的安全管理

一、化学品的包装

化学品集装箱的结构必须适合装运，对装有危险品的集装箱要彻底进行清扫，以防止杂质与货物反应，发生着火、爆炸。装货前必须了解清楚在此之前曾装运过哪种货物，若与此次所装货物不相容，必须打扫洗刷干净后才能使用，冲洗后的集装箱，应彻底干燥后才能装货。在装完货的集装箱外表比较醒目的位置贴有放大的危险品标志，确保其与集装箱内的危险品包件上的标志相一致。

危险货物包装要求必须了解危险品在《国际危规》中的分类、性质、危险程度、海运的特殊要求以及港口当局是否有特殊要求，并进行适当的包装，危险货物的包装应符合如下要求：固而完好；在运输过程中包装的内表面可能与货物接触时，应不致由于该物质的影响而发生危险；能经受得住装卸及海运的一般风险。

对货物的包装检验要充分考虑到包装材料、封口材料和衬垫材料与货物性质的关系，保证内包装材料安全可靠，包装封口适宜，包装衬垫材料具有防震、防摩擦、防潮的作用及对液体货物有高度的吸附性并不与货物发生反应。此外，《国际危规》规定：（1）装有危险货物的包件上都应有其内装物的正确运输名称的耐久标志。（2）在装有危险物质的包件上标注正确技术名称的方法，应做到在海水中至少浸泡三个月后标记仍然清晰。（3）装入集装箱的每个包件，应按照本规则进行标记。

妥善包装后要做出危险品标志和标记，将其正确技术名称和性质以及应当采取的预防措施书面通知承运人，并如实向港务监督办理申报手续；货运代理人应明确相关代理责任，做好危险货物特性的核实、确认工作，落实合格的危险货物装箱单位，确保危险货物按规定办理出运手续；承运单位必须加强对货物特别是化工品的审核工作，制定危险货物相关的审核制度，杜绝货物报关单与托运单货名不相符现象。

二、各种危险品集装箱的单证

1. 危险货物清单（Dangerous Cargo List），是专门列入船舶所载全部危险货物的明细表。凡船舶载运危险货物都必须另外再单独编制危险货物清单，该单常用红色并附有特别标志制成，以让有关部门及人员在装卸作业和运输保管中特别注意，确保安全。

2. 危险货物申报单（Declaration Form For Dangerous Goods）（进港），是船舶要到港前，由卸货港的船舶代理公司向卸货港港务监督部门提出危险货物进港申报，经核准同意后，由港务监督部门加盖"危险货物签证专用章"——允许进港卸货的专用单证。危险货物申报单由主管机关批准后，存查一份，申报人自留一份，码头一份。码头在进口业务中对危险货物清单中列名的危险品箱除须审核是否有申报单外，还要审核船名、航次、始发港、货名、类别、箱型、箱量及船箱位等项目是否正确。

3. 危险品货物集装箱装箱证明书（Container Packing Certificate）。出口危险品货物集装箱进入码头检查口时，承运人须附送经海上安全监督局审核同意后盖章的集装箱装箱证明书。"装箱证明书"是监督部门允许危险品装箱的证明文件。此证书应由装箱现场监督员填写一式两份，正本应于集装箱货物装箱三天前向港务监督提交，副本应在办理集装箱移交时交付给承运人。

4. 危险品货物存场日报。在高温季节，码头应每日填写危险品货物存场日报，并送交上级主管部门，以便妥善地管理存场的危险品货物集装箱。

三、危险品堆放的作业规则

码头管理应根据码头各自的特点，如地理环境、堆场设施配备、应急反应能力的大小，制定相应的危险品作业规则，对不同的区域制订不同的预防应急措施。对各个集装箱码头都要指定一块区域用于专门存放危险品集装箱，并按照《国际危规》中的隔离要求隔离堆放。危险品集装箱装箱区周围要贴有明显的警告标识，并用障碍物与其他箱区隔离。各码头存箱位置如有变动，要先通知有关部门并获得批准。各码头需按危险品集装箱堆场管理制度严格执行，建立危险品集装箱进出记录、交接班日志和喷淋记录。高温季节期间当温度超过 30℃，对可喷淋的危险品集装箱要每 2 个小时进行一次喷淋，要求箱体四周都能喷到。对于在危险品管理中发生的特殊情况，要立即向营运操作部门报告，营运操作部门应协助码头及时解决。危险品集装箱专用堆场除了实行温度、湿度等项日常监控，设置事故报警系统和撤离通道外，还要配备齐全的消防器材和处理材料，操作人员须进行严格培训，专人负责，堆场内的危险品集装箱应按照公安、消防等部门指定的行车路线和时间集疏。危险品集装箱堆场也是具有一定危险性的，并且危险品种类多，理化性质各不相同，一旦发生事故，处理起来困难大，虽然集装箱危险货物在包装形式方面与散装危险货物有很大区别，但火灾爆炸、毒物泄漏是两大主要风险。因此，有必要对危险货物集装箱堆场的危险性进行安全评价，以便做出正确的应急反应。针对危险货物集装箱安全管理采取定性评价方法。这类方法主要是根据经验对货物、储存设备、环境、人员、管理等方面的状况进行定性的评价，具体有安全检查表、预先危险性分析、故障类型的影响分析以及危险可操作性研究等。

本章练习

1. 储存物品与消防喷淋装置之间应保持（　　）的距离——如果储存的是易燃液体，应保持（　　）的距离。

A. 304.8 厘米；487.68 厘米　　　　　　B. 548.64 厘米；1097.28 厘米

C. 609.6 厘米；1097.28 厘米　　　　　　D. 548.64 厘米；731.52 厘米

【答案】B

【解析】储存物品与消防喷淋装置之间应保持 18 英寸的距离——如果储存的是易燃液体，应保持 36 英寸的距离。故选 B。

2. 在装运高出车厢拦板的货物，须用两块苫布覆盖货物时，中间接缝处须有大于（　　）的重叠盖

A. 5 厘米　　　　　　　　　　　　　　B. 10 厘米

C. 15 厘米　　　　　　　　　　　　　　D. 20 厘米

【答案】C

【解析】装运高出车厢拦板的货物，装车后，必须用绳索捆扎牢固，易滑动的包装件，须用防散失的网罩覆盖并用绳索捆扎牢固或用苫布覆盖严密，须用两块苫布覆盖货物时，中间接缝处须有大于 15 厘米的重叠盖，且车厢前半部分苫布须压在后半部分苫布上。故选 C。

3. 机械装卸作业时，必须按核定负荷量减载（　　），装卸人员必须服从现场指挥，防止

货物剧烈晃动、碰撞、跌落。

A. 20%   B. 25%   C. 30%   D. 35%

【答案】B

【解析】机械装卸作业时，必须按核定负荷量减载25%，装卸人员必须服从现场指挥，防止货物剧烈晃动、碰撞、跌落。故选B。

4. 高温季节期间当温度超过30℃，对可喷淋的危险品集装箱要每（ ）个小时进行一次喷淋，要求箱体四周都能喷到。

A. 1   B. 2   C. 3   D. 4

【答案】B

【解析】各码头须按危险品集装箱堆场管理制度严格执行，建立危险品集装箱进出记录、交接班日志和喷淋记录。高温季节期间当温度超过30℃，对可喷淋的危险品集装箱要每2个小时进行一次喷淋，要求箱体四周都能喷到。故选B。

第六章 化工过程控制和检测技术

■ **考试内容及要求**

运用化工安全相关技术和标准，掌握可燃、有毒气体检测及报警系统的基本知识和技术要求，对装置的可燃、有毒气体检测系统的设置进行审核并提出工作意见；掌握化工过程紧急停车系统（ESD）、化工过程安全仪表系统（SIS）的基本知识和技术要求；了解化工自动化控制系统的基本概念和控制方式；了解噪声、振动、粉尘、火灾、温度、气体等检测方法；了解化工过程的故障诊断技术、无损检测技术。

第一节 可燃、有毒气体的检测

一、基本知识

1. 可燃气体

可燃气体是指甲类可燃气体或甲、乙$_A$类可燃液体气化后形成的可燃气体。

2. 有毒气体

有毒气体是指劳动者在职业活动过程中通过机体接触可引起急性或慢性有害健康的气体，范围是《高毒物品目录》（卫法监发〔2003〕142 号）中所列的有毒蒸气或有毒气体。常见的有二氧化氮、硫化氢、苯、氰化氢、氨、氯气、一氧化碳、丙烯腈、氯乙烯、光气（碳酰氯）等。

3. 检（探）测器

指由传感器和转换器组成，将可燃气体和有毒气体浓度转换为电信号的电子单元。

4. 指示报警设备

指接收检（探）测器的输出信号，发出指示、报警、控制信号的电子设备。

5. 检测范围

指检（探）测器在试验条件下能够检测出被测气体浓度的范围。

6. 报警设定值

指报警器预先设定的报警浓度值。

7. 响应时间

指在实验条件下，从检（探）测器接触被测气体到达到稳定指示值的时间。通常，将达到稳定指示值 90% 的时间作为响应时间；将恢复到稳定指示值 10% 的时间作为恢复时间。

8. 安装高度

指检（探）测器检测口到指定参照物的垂直距离。

9. 爆炸下限

指可燃气体爆炸下限浓度（V%）值。

10. 爆炸上限

指可燃气体爆炸上限浓度（V%）值。

11. 最高容许浓度

指工作地点在一个工作日内任何时间均不应超过的有毒化学物质的浓度。

12. 短时间容许接触浓度

指一个工作日内任何一次接触不超过15分钟时间加权平均的容许接触浓度。

13. 时间加权平均容许浓度

指以时间为权数规定的8小时工作日的平均容许接触水平。

14. 立即致害浓度

指环境中空气污染物浓度达到某种危险水平，如可致命或永久损害健康，或使人立即丧失逃生能力。

二、一般规定

1. 在生产或使用可燃气体及有毒气体的工艺装置和储运设施的区域内，对可能发生可燃气体和有毒气体的泄漏进行检测时，应按下列规定设置可燃气体检（探）测器和有毒气体检（探）测器：

（1）可燃气体或含有毒气体的可燃气体泄漏时，可燃气体浓度可能达到25%爆炸下限，但有毒气体不能达到最高容许浓度时，应设置可燃气体检（探）测器；

（2）有毒气体或含有可燃气体的有毒气体泄漏时，有毒气体浓度可能达到最高容许浓度，但可燃气体浓度不能达到25%爆炸下限时，应设置有毒气体检（探）测器；

（3）可燃气体与有毒气体同时存在的场所，可燃气体浓度可能达到25%爆炸下限，有毒气体的浓度也可能达到最高容许浓度时，应分别设置可燃气体和有毒气体检（探）测器；

（4）同一种气体，既属可燃气体又属有毒气体时，应只设置有毒气体检（探）测器。

2. 可燃气体和有毒气体的检测系统应采用两级报警。同一检测区域内的有毒气体、可燃气体检（探）测器同时报警时，应遵循下列原则：

（1）同一级别的报警中，有毒气体的报警优先；

（2）二级报警优先于一级报警。

3. 工艺有特殊需要或在正常运行时人员不得进入的危险场所，宜对可燃气体和有毒气体释放源进行连续检测、指示、报警，并对报警进行记录或打印。

4. 报警信号应发送至现场声光报警器和有人值守的控制室或现场操作室的指示报警设备，并且进行声光报警。

5. 装置区域内现场报警器的布置应根据装置区的面积、设备及建筑物的布置、释放源的理化性质和现场空气流动特点等综合确定。现场报警器可选用音响器或报警灯。

6. 可燃气体检（探）测器应采用经国家指定机构及授权检验单位的计量器具制造认证、防爆性能认证和消防认证的产品。

7. 国家法规有要求的有毒气体检（探）测器应采用经国家指定机构或其授权检验单位的计量器具制造认证的产品。其中，防爆型有毒气体检（探）测器还应采用经国家指定机构或其授权检验单位的防爆性能认证的产品。

8. 可燃气体或有毒气体场所的检（探）测器，应采用固定式。

9. 可燃气体、有毒气体检测报警系统宜独立设置。

10. 便携式可燃气体或有毒气体检测报警器的配备，应根据生产装置的场地条件、工艺介质的易燃易爆特性及毒性和操作人员的数量等综合确定。

11. 工艺装置和储运设施现场固定安装的可燃气体及有毒气体检测报警系统，宜采用不间断电源（UPS）供电。加油站、加气站、分散或独立的有毒及易燃易爆品的经营设施，其可燃气体及有毒气体检测报警系统可采用普通电源供电。

▪ 典型例题 ▪

声光报警器的位置设置灵活，一般设置在通道或楼层出入口的易观察处，距地坪或所在楼板（　　）米左右。

A. 1.5　　　　　　　B. 2　　　　　　　C. 2.5　　　　　　　D. 3

【答案】C

【解析】声光报警器的位置设置灵活，不受检测点的位置限制。一般设置在通道或楼层出入口的易观察处，距地坪或所在楼板2.5米左右。故选C。

三、检（探）测点的确定

1. 一般原则

（1）可燃气体和有毒气体检（探）测器的检（探）测点，应根据气体的理化性质、释放源的特性、生产场地布置、地理条件、环境气候、操作巡检路线等条件，并选择气体易于积累和便于采样检测之处布置。

（2）下列可能泄露可燃气体、有毒气体的主要释放源应布置检（探）测点：①气体压缩机和液体泵的密封处。②液体采样口和气体采样口。③液体排液（水）口和放空口。④设备和管道的法蓝和阀门组。

2. 工艺装置

（1）释放源处于露天或敞开式厂房布置的设备区域内，检（探）测点与释放源的距离宜符合下列规定：

①当检（探）测点位于释放源的全年最小频率风向的上风侧时，可燃气体检（探）测点与释放源的距离不宜大于15米，有毒气体检（探）测点与释放源的距离不宜大于2米。

②当检（探）测点位于释放源的全年最小频率风向的下风侧时，可燃气体检（探）测点与释放源的距离不宜大于5米，有毒气体检（探）测点与释放源的距离不宜大于1米。

（2）可燃气体释放源处于封闭或局部通风不良的半敞开厂房内，每隔15米可设一台检（探）测器，且检（探）测器距其所覆盖范围内的任一释放源不宜大于7.5米。有毒气体检（探）测器距释放源不宜大于1米。

（3）比空气轻的可燃气体或有毒气体释放源处于封闭或局部通风不良的半敞开厂房内，除应在释放源上方设置检（探）测器外，还应在厂房内最高点气体易于积聚处设置可燃气体或有毒气体检（探）测器。

3. 储运设施

（1）液化烃、甲$_B$乙$_A$类液体等产生可燃气体的液体储罐的防火堤内应设检（探）测器，并符合下列规定：

①当检（探）测点位于释放源的全年最小频率风向的上风侧时，可燃气体检（探）测器与释放源的距离不宜大于 15 米，有毒气体检（探）测点与释放源的距离不宜大于 2 米。

②当检（探）测点位于释放源的全年最小频率风向的下风侧时，可燃气体检（探）测器与释放源的距离不宜大于 5 米，有毒气体检（探）测点与释放源的距离不宜大于 1 米。

（2）液化烃、甲$_B$乙$_A$类液体的装卸设施，检（探）测器的设置应符合下列要求：

①小鹤管铁路装卸栈台，在地面上每隔一个车位宜设一台检（探）测器，且检（探）测器与装卸车口的水平距离不应大于 15 米。

②大鹤管铁路装卸台，宜设一台检（探）测器。

③汽车装卸站的装卸车鹤位与检（探）测器的水平距离，不应大于 15 米。当汽车装卸站内设有缓冲罐时，检（探）测器的设置应符合有关规定。

（3）装卸设施的泵或压缩机的检（探）测器设置，应符合有关规定。

（4）液化烃灌装站的检（探）测器设置，应符合下列要求：

①封闭或半敞开的灌瓶间，灌装口与检（探）测器的距离宜为 5～7.5 米。

②封闭或半敞开式的储瓶库，应符合有关规定；敞开式储瓶库房沿四周每 15～30 米应设一台检（探）测器，当四周边长总和小于 15 米时，应设一台检（探）测器。

③缓冲罐排水口或阀组与检（探）测器的距离，宜为 5～7.5 米。

（5）封闭或半敞开氢气灌瓶间，应在灌装口上方的室内最高点且易于滞留气体处设检（探）测器。

（6）可能散发可燃气体的装卸码头，距输油臂水平平面 15 米范围内，应设一台检（探）测器。

（7）储存、运输有毒气体、有毒液体的储运设施，应按有关规定进行设置有毒气体检（探）测器。

4. 其他可燃气体、有毒气体的扩散与积聚场所

（1）明火加热炉与可燃气体释放源之间，距加热炉 5 米处应设检（探）测器。当明火加热炉与可燃气体释放源之间设有不燃烧材料实体墙时，实体墙靠近释放源的一侧应设检（探）测器。

（2）设在爆炸危险区域 2 区范围内的在线分析仪表间，应设可燃气体检（探）测器。

（3）控制室、机柜间、变配电所的空调引风口、电缆沟和电缆桥架进入建筑物的洞口处，且可燃气体和有毒气体有可能进入时，宜设置检（探）测器。

（4）工业阀井、地坑及排污沟等场所，且可能积聚密度大于空气的可燃气体、液化烃或有毒气体时，应设检（探）测器。

四、可燃气体和有毒气体检测报警系统

1. 系统的技术性能

（1）检（探）测器的输出信号宜选用数字信号、触点信号、毫安信号或毫伏信号。

（2）报警系统应具有历史时间记录功能。

（3）系统的技术性能，应符合《作业环境气体检测报警仪通用技术要求》（GB 12358）、《可燃气体检测器国家标准》（GB 15322）和《可燃气体报警控制器技术要求和试验方法》（GB

16808）的有关规定；系统的防爆性能应符合《爆炸性气体环境用电器设备》（GB 3836）的要求。

2. 检（探）测器的选用

（1）可燃气体及有毒气体检（探）测器的选用，应根据检（探）测器的技术性能、被测气体的理化性质和生产环境特点确定。

（2）常用气体的检（探）测器选用应符合下列规定：

①烃类可燃气体可选用催化燃烧型或红外气体检（探）测器。当使用场所的空气中含有能使催化燃烧型检测元件中毒的硫、磷、铅、卤素化合物等介质时，应选用抗毒性催化燃烧型检（探）测器。

②在缺氧或高腐蚀性等场所，宜选用红外气体检（探）测器。

③氢气检测可选用催化燃烧型、电化学型、热传导型或半导体型检（探）测器。

④检测组分单一的可燃气体，宜选用热传导型检测（探）器。

⑤硫化氢、氯气、氨气、丙烯腈气体、一氧化碳气体可选用电化学型或半导体型检（探）测器。

⑥氯乙烯气体可选用半导体型或光致电离检（探）测器。

⑦氰化氢气体宜选用电化学型检（探）测器。

⑧苯气体可宜选用半导体型或光致电离检（探）测器。

⑨碳酰氯（光气）可选用电化学型或红外气体检（探）测器。

（3）检（探）测器防爆类型和级别，应按《爆炸和火灾危险环境电力装置设计规范》（GB 50058）的有关规定选用，并应符合使用场所爆炸危险区域以及被检测气体性质要求。

（4）常用检（探）测器的采样方式，应根据使用场所确定。可燃气体和有毒气体的检测宜采用扩散式检（探）测器；受安装条件和环境条件的限制，无法使用扩散式检（探）测器的场所，宜采用吸入式检（探）测器。

3. 指示报警设备的选用

（1）指示报警设备应具有以下基本功能：

①能为可燃气体或有毒气体检（探）测器及所连接的其他部件供电。

②能直接或间接地接收可燃气体或有毒气体检（探）测器及其他报警触发部件的报警信号，发出声光报警信号，并予以保持。声光报警信号应能手动消除，再次有报警信号输入时仍能发出报警。

③可燃气体的测量范围：0～100％爆炸下限。

④有毒气体的测量范围宜为0～300％最高容许浓度或0～300％短时间接触容许浓度；当现有检（探）测器的测量范围不能满足上述要求时，有毒气体的测量范围可为0～30％直接致害浓度。

⑤指示报警设备（报警控制器）应具有开关量输出功能。

⑥多点式指示报警设备应具有相对独立、互不影响的报警功能，并能区分和识别报警场所位号。

⑦指示报警设备发出报警后，即使安装场所被测气体浓度发生变化恢复到正常水平，仍应持续报警。只有经确认并采取措施后，才能停止报警。

⑧在下列情况下，指示报警设备应能发出与可燃气体或有毒气体浓度报警信号有明显区别

的声、光故障报警信号：

a. 指示报警设备与检（探）测器之间连线断路；

b. 检（探）测器内部元件失效；

c. 指示报警设备主电源欠压；

d. 指示报警设备与电源之间连接线路的短路与断路。

⑨指示报警设备应具有以下记录功能：

a. 能记录可燃气体和有毒气体报警时间，且日计时误差不超过 30 秒；

b. 能显示当前报警点总数；

c. 能区分最先报警点。

（2）根据工厂（装置）的规模和特点，指示报警设备可按下列方式设置：

①可燃气体和有毒气体检测报警系统与火灾检测报警系统合并设置。

②指示报警设备采用独立的工业程序控制器、可编程控制器等。

③指示报警设备采用常规的模拟仪表。

④当可燃气体和有毒气体检测报警系统与生产过程控制系统合并设计时，输入/输出卡件应独立设置。

（3）报警设置值应符合下列规定：

①可燃气体的一级报警设定值小于或等于 25％爆炸下限。

②可燃气体的二级报警设定值小于或等于 50％爆炸下限。

③有毒气体的报警设定值宜小于或等于 100％最高容许浓度/短时间接触容许浓度，当试验用标准气调制困难时，报警设定值可为 200％最高容许浓度/短时间接触容许浓度以下。当现有检（探）测器的测量范围不能满足测量要求时，有毒气体的检测范围可为 0～30％直接致害浓度；有毒气体的二级报警设定值不得超过 10％直接致害浓度值。

五、检（探）测器和指示报警设备的安装

1. 检（探）测器的安装

（1）检测密度大于空气的可燃气体检（探）测器，其安装高度应距地坪（或楼地板）0.3～0.6 米。检测密度大于空气的有毒气体检（探）测器，应靠近泄漏点，其安装高度应距地坪（或楼地板）0.3～0.6 米。

（2）检测密度小于空气的可燃气体或有毒气体的检（探）测器，其安装高度应高出释放源 0.5～2 米。

（3）检（探）测器应安装在无冲击、无振动、无强电磁场干扰、易于检修的场所，安装探头的地点与周边管线或设备之间应留有不小于 0.5 米的净空和出入通道。

（4）检（探）测器的安装与接线技术要求应符合制造厂的规定，并符合《爆炸和火灾危险环境电力装置设计规范》（GB 50058）的规定。

2. 指示报警设备和现场报警器的安装

（1）指示报警设备应安装在有人值守的控制室、现场操作室等内部。

（2）现场报警器应就近安装在检（探）测器所在的区域。

第二节　紧急停车系统与安全仪表系统

一、基本知识

1. 化工过程紧急停车系统

紧急停车装置系统（Emergency Shutdown Device，简称 ESD）。这种专用的安全保护系统是 20 世纪 90 年代发展起来的，以其高可靠性和灵活性而受到一致好评。

ESD 按照安全独立原则要求，独立于集散控制系统（Distributed Control System，简称 DCS），其安全级别高于 DCS。在正常情况下，ESD 是静态的，不需要人为干预。作为安全保护系统，凌驾于生产过程控制之上，实时在线监测装置的安全性。只有当生产装置出现紧急情况时，不需要经过 DCS，而直接由 ESD 发出保护联锁信号，对现场设备进行安全保护，避免危险扩散造成巨大损失。人在危险时刻的判断和操作往往是滞后的、不可靠的，当操作人员面临生命危险时，要在 60 秒内作出反应，决策错误的概率高达 99.9%。因此设置独立于控制系统的安全联锁是十分有必要的，这是作好安全生产的重要准则。该动则动，不该动则不动，这是 ESD 的一个显著特点。

一般安全联锁保护功能也可由 DCS 来实现。那么，为何要独立设置 ESD 呢？因为较大规模的紧急停车系统应按照安全独立原则与 DCS 分开设置，这样做主要有以下几方面原因：

（1）降低控制功能和安全功能同时失效的概率，当维护 DCS 部分故障时也不会危及安全保护系统。

（2）对于大型装置或旋转机械设备而言，紧急停车系统响应速度越快越好。这有利于保护设备，避免事故扩大；并有利于分辨事故原因记录。而 DCS 处理大量过程监测信息，因此其响应速度难以作得很快。

（3）DCS 是过程控制系统，是动态的，需要人工频繁干预，这有可能引起人为误动作；而 ESD 是静态的，不需要人为干预，设置 ESD 可以避免人为误动作。

ESD 在石化行业以及大型钢厂及电厂中都有着广泛的应用，是通过高速运算 PLC 来实现控制的。它与 PLC 的本质区别在于它的输入输出卡件上，因为一切为了安全考虑，所以在硬件保护上做得较为完善，同时需要考虑到在事故状态下，现场控制阀位及各个开关的位置。

2. 安全仪表系统

安全仪表系统（Safety Instrumented System，简称 SIS），又称为安全联锁系统（Safety Interlocking System），包括安全联锁系统、紧急停车系统和有毒有害、可燃气体及火灾监测保护系统等。主要为工厂控制系统中报警和联锁部分，对控制系统中检测的结果实施报警动作或调节或停机控制，是工厂企业自动控制中的重要组成部分。

安全仪表系统包括传感器、逻辑运算器和最终执行元件，即检测单元、控制单元和执行单元。SIS 可以监测生产过程中出现的或者潜伏的危险，发出告警信息或直接执行预定程序，立即进入操作，防止事故的发生，降低事故带来的危害及其影响。具有以下特点：

（1）符合国际安全协会规定的仪表的安全标准规定。

（2）覆盖面广、安全性高，有自诊断功能，能够检测并预防潜在的危险。

（3）容错性的多重冗余系统，SIS 一般采用多重冗余结构以提高系统的硬件故障裕度，单一故障不会导致 SIS 安全功能丧失。

（4）应用程序容易修改，可根据实际需要对软件进行修改。

（5）自诊断覆盖面大，工人维修时需要检查的点数比较少。

（6）响应速度快，从输入变化到输出变化的响应时间一般在 $10\sim50\mathrm{m/s}$ 左右，一些小型 SIS 的响应时间更短。

（7）可实现从传感器到执行元件所组成的整个回路的安全性设计，具有 I/O 短路、断线等监测功能。

3. 报警原则要求

（1）信号报警、联锁点的设置，动作设定值及调整范围必须符合生产工艺的要求。

（2）在满足安全生产的前提下，应当尽量选择线路简单、元器件数量少的方案。

（3）信号报警、安全联锁设备应当安装在振动小、灰尘少、无腐蚀气体、无电磁干扰的场所。

（4）信号报警、安全联锁系统可采用有触点的继电器线路，也可采用无触点式晶体管电路、DCS、PLC 来构造信号报警、安全联锁系统。

（5）信号报警、安全联锁系统中安装在现场的检出装置和执行器应当符合所在场所的防爆、防火要求。

（6）信号报警系统供电要求与一般仪表供电等级相同。

二、技术要求

1. ESD 与 SIS 的区别

ESD 按照安全独立原则要求，独立于 DCS，其安全级别高于 DCS。在正常情况下，ESD 系统是静态的，不需要人为干预。作为安全保护系统，实时在线监测装置的安全性。只有当生产装置出现紧急情况时，不需要经过 DCS 系统，而直接由 ESD 发出保护联锁信号，对现场设备进行安全保护，避免危险扩散造成巨大损失。SIS 用于监视生产装置的运行状况，对出现异常工况迅速进行处理，使危害降到最低，使人员和生产装置处于安全状态。SIS 为静态系统，正常工况时，它始终监视生产装置的运行，系统输出不变，对生产过程不产生影响，非正常工况时，它将按照预先的设计进行逻辑运算，实现生产装置安全联锁或停车。

SIS 的功能和 ESD 的基本一样，只是在安全程度上要高于 ESD，有些 ESD 实现不了的功能可以在 SIS 上面实现。

2. SIS 和 ESD 设计原则

SIS、ESD 的主要作用是在工艺生产过程发生危险故障时将其自动或手动带回到预先设计的安全状态，以确保工艺装置的生产安全，避免重大人身伤害及重大设备损坏事故。在安全仪表系统的设计过程中及安全仪表系统回路设计过程中，一般需要遵循下列几点原则：

（1）可靠性原则（安全性原则）

为了保证工艺装置的生产安全，安全仪表系统必须具备与工艺过程相适应的安全完整性等级（Safety Integrity Level，简称 SIL）的可靠度。对于安全仪表系统，可靠性有两个含义，一个是安全仪表系统本身的工作可靠性，另一个是安全仪表系统对工艺过程认知和联锁保护的可靠性，还应有对工艺过程测量、判断和联锁执行的高可靠性。

评估安全完整性等级的主要参数就是 PFDavg（probability of failure on demand，平均危险故障率），按其从高到低依次分为 1~4 级。在石化行业中一般涉及的只有 1、2、3 级，因为 SIL4 级投资大，系统复杂，一般只用于核电行业。

（2）可用性原则

为了提高系统的可用性，SIS、ESD 应具有硬件和软件自诊断和测试功能。安全仪表系统应为每个输入工艺联锁信号设置维护旁路开关，方便进行在线测试和维护，同时减少因安全仪表系统系统维护造成的停车。需要注意的是，用于三选二表决方案的冗余检测元件不需要旁路，手动停车输入也不需要旁路。同时严禁对安全仪表系统输出信号设立旁路开关，以防止误操作而导致事故发生。如果 SIL 计算表明测试周期小于工艺停车周期，而对执行机构进行在线测试时无法确保不影响工艺而导致误停车，则安全仪表系统的设计应当根据需要进行修改，通过提高冗余配置以延长测试周期，或采用部分行程测试法，对事故状态关闭的阀门增加手动旁通阀，对事故状态开启的阀门增加手动截止阀等措施，以允许在线测试安全仪表系统阀门。这些手段对提高安全仪表系统的可用性都是很有帮助的。

（3）独立性原则

SIS、ESD 应独立于基本过程控制系统（BPCS，如 DCS、FCS、CCS、PLC 等），独立完成安全保护功能。安全仪表系统的检测元件，控制单元和执行机构应单独设置。如果工艺要求同时进行联锁和控制，安全仪表系统和 BPCS 应各自设置独立的检测元件和取源点（个别特殊情况除外，如配置三取二检测元件、进 DCS 信号三取中、进安全仪表系统三取二、经过信号分配器公用检测元件）。如需要，SIS、ESD 应能通过数据通信连接以只读方式与 DCS 通信，但禁止 DCS 通过该通信连接向安全仪表系统写信息。安全仪表系统应配置独立的通信网络，包括独立的网络交换机、服务器、工程师站等。SIS、ESD 应采用冗余电源，由独立的双路配电回路供电。应避免安全仪表系统和 BPCS 的信号接线出现同一接线箱、中间接线柜和控制柜内。

（4）标准认证原则

随着安全标准的推出以及对安全系统重视度的不断提高，安全仪表系统的认证也变得越来越重要，系统的设计思想、系统结构都须严格遵守相应国际标准并取得权威机构的认证。安全仪表系统必须获得相应 SIL 等级的认证。SIS、ESD 中使用的硬件、软件和仪表必须遵守正式版本并已商业化，同时必须获得国家有关防爆、计量、压力容器等强制认证。严禁使用任何试验产品。

（5）故障安全原则

当 SIS、ESD 的元件、设备、环节或能源发生故障或者失效时，SIS、ESD 设计应当使工艺过程能够趋向安全运行或者安全状态。这就是系统设计的故障安全原则。能否实现"故障安全"取决于工艺过程及安全仪表系统的设计。整个 SIS、ESD，包括现场仪表和执行器，都应设计成以下绝对安全形式，即现场触点应开路报警，正常操作条件下闭合；现场执行器联锁时不带电，正常操作条件下带电。

------ ■ 典型例题 ■ ------

下列属于 SIS 和 ESD 设计原则的有（　　　）。

A. 可靠性原则　　　　　　　　　　　　B. 可用性原则

C. 便于操作原则　　　　　　　　　　　D. 独立性原则

E. 标准认证原则

【答案】ABDE

【解析】SIS 和 ESD 设计原则：可靠性原则（安全性原则）；可用性原则；独立性原则；标准认证原则；故障安全原则。故选 ABDE。

第三节　自动化控制系统和控制方式

一、自动化控制系统

自动化控制系统是指用一些自动控制装置，对生产中某些关键性参数进行自动控制，使它们在受到外界干扰（扰动）的影响而偏离正常状态时，能够被自动地调节而回到工艺所要求的数值范围内。生产过程中各种工艺条件不可能是一成不变的。特别是化工生产，大多数是连续性生产，各设备相互关联，当其中某一设备的工艺条件发生变化时，都可能引起其他设备中某些参数或多或少地波动，偏离了正常的工艺条件。自动调节是指不需要人的直接参与。自动控制系统主要由控制器、被控对象、执行机构和变送器四个环节组成。

二、自动化控制系统控制方式

1. 按控制原理的不同，自动化控制系统分为开环控制系统和闭环控制系统

（1）开环控制系统

在开环控制系统中，系统输出只受输入的控制，控制精度和抑制干扰的特性都比较差。开环控制系统中，基于按时序进行逻辑控制的称为顺序控制系统；由顺序控制装置、检测元件、执行机构和被控工业对象所组成。主要应用于机械、化工、物料装卸运输等过程的控制以及机械手和自动生产线。

（2）闭环控制系统

闭环控制系统是建立在反馈原理基础之上的，利用输出量同期望值的偏差对系统进行控制，可获得比较好的控制性能。闭环控制系统又称反馈控制系统。

■ **典型例题** ■

在自动化控制系统控制方式的分类中，若按照控制原理的不同，自动控制系统分为（　　）。

A. 恒值控制系统和随动控制系统

B. 开环控制系统和闭环控制系统

C. 开环控制系统和密闭控制系统

D. 程序控制系统和闭环控制系统

【答案】B

【解析】按控制原理的不同，自动化控制系统分为开环控制系统和闭环控制系统。

---

2. 按给定信号分类，自动控制系统可分为恒值控制系统、随动控制系统和程序控制系统

（1）恒值控制系统

给定值不变，要求系统输出量以一定的精度接近给定希望值的系统，如生产过程中的温度、压力、流量、液位高度、电动机转速等自动控制系统属于恒值控制系统。

（2）随动控制系统

给定值按未知时间函数变化，要求输出跟随给定值的变化，如跟随卫星的雷达天线系统。

（3）程序控制系统

给定值按一定时间函数变化，如程控机床。

▪ 典型例题 ▪

下列控制系统中，是按照给定信号分类的有（　　　）。

A. 恒值控制系统　　　　　　　B. 开环控制系统

C. 密闭控制系统　　　　　　　D. 程序控制系统

E. 随动控制系统

【答案】ADE

【解析】按给定信号分类，自动控制系统可分为恒值控制系统、随动控制系统和程序控制系统。

3. 自动化控制系统应用

自动控制系统已被广泛应用于人类社会的各个领域。在工业方面，对于冶金、化工、机械制造等生产过程中遇到的各种物理量，包括温度、流量、压力、厚度、张力、速度、位置、频率、相位等，都有相应的控制系统。在此基础上通过采用数字计算机还建立起了控制性能更好和自动化程度更高的数字控制系统，以及具有控制与管理双重功能的过程控制系统。在农业方面的应用包括水位自动控制系统、农业机械的自动操作系统等。

在军事技术方面，自动控制的应用实例有各种类型的伺服系统、火力控制系统、制导与控制系统等。在航天、航空和航海方面，除了各种形式的控制系统外，应用的领域还包括导航系统、遥控系统和各种仿真器。

此外，在办公室自动化、图书管理、交通管理乃至日常家务方面，自动控制技术也都有着实际的应用。随着控制理论和控制技术的发展，自动控制系统的应用领域还在不断扩大，几乎涉及生物、医学、生态、经济、社会等所有领域。

第四节　噪声、振动、粉尘、火灾、温度、气体检测方法

一、噪声检测

噪声是一种紊乱、断续或统计上随机的声振荡。工业生产中产生的噪声已经成为一种公害，对人们的生活和生产产生了极大的影响，会使人感到烦躁，严重时会引起神经、内分泌等系统的疾病及职业性耳聋。高强度噪声还能影响仪器设备的正常工作。因此，排除或减少噪声污染已日益被人们重视。噪声是声音的一种，具有声波的一切特性。对噪声进行检测时，比较常用的噪声测量仪器是声级计，按大小来分主要有台式、便携式、袖珍式，检测的方法主要有城市区域环境噪声普查方法、城市交通干线噪声平均值的测量方法、工业企业厂界噪声测量方法、铁路边界噪声测量方法、建筑施工场界噪声测量方法、机场周围飞机噪声测量方法、内燃机噪声测定办法、噪声的频谱分析。

二、振动检测

机械振动是自然界、工程技术和日常生活中普遍存在的物理现象。在化工生产中，机械振动的危害是较大的，不仅导致设备在使用时出现问题，缩短其使用寿命，而且对设备自身的性能造成破坏，致使设备不能正常运行，从而降低生产效率，甚至会出现安全事故，直接影响工人生命财产安全。通常，化工检测振动包括两个方面内容，一方面是测试部件或者结构的动

态，可以将其称为频率响应实验和机械阻抗实验，不同类型的振动，其特点和参数都是不同的；另一方面是测试振动基本参数，主要是对振动物体上某个点的速度、相位、频率及加速度进行测试，这样做的主要目的在于充分了解测定者的具体振动状态，以及探究振动来源，对振动情况进行准确的评估和监测。

三、粉尘检测

化工生产中的粉尘主要是指在工作场所生产过程中造成的生产性粉尘。这种类型的粉尘对工人的伤害是非常大的，不仅危害工人的健康，而且容易导致工人感染一些疾病，比如：尘肺病、硅肺病等，甚至会出现爆炸的情况，造成人员伤亡和经济损失。化工厂检测生产性粉尘就是检测粉尘中的物性和粉尘颗粒。通常，最有效的检测方式是粉尘比电阻检测，使用这种检测技术要求较高。首先，将电除尘器粉尘的沉积形态进行模拟，在电场的影响下，使荷电粉尘可以逐渐累积形成尘层。然后，必须要模拟电除尘器里的湿度、气体成分以及温度。最后，将电除尘器的电晕电流和电压进行模拟。

四、火灾检测

根据火灾现象和普通可燃物质的典型起火过程曲线，火灾检测方法目前主要有以下几种：空气离化探测法、热（温度）检测法、光电探测法、光辐射或火焰辐射探测法、可燃气体探测法。

五、温度检测

温度是用来定量地描述物体冷热程度的物理量，温度是建立在热平衡基础上的。温度检测方法可分为接触式与非接触式。

接触式测温是基于热平衡原理，即测温敏感元件（传感器）必须与被测介质接触，使两者处于同一热平衡状态，具有同一温度，如水银温度计、热电偶温度计、电阻温度计等。接触式测温适宜 1000℃ 以下的温度测量，不适宜热容量小的物体温度测量、动态温度测量，便于多点、集中测量和自动控制，测温精度为测量范围的 1% 左右。

非接触式测温是利用物质的热辐射原理，测温敏感元件不须与被测介质接触，利用物体的热辐射随温度变化的原理测定物体温度，又叫辐射测温，如辐射温度计、红外热像仪等。非接触式测温适宜高温测量、动态温度测量、表面温度测量。

六、气体检测

（1）气体测量传感器

从所用气体传感器的基本工作方式和原理来划分，目前用于测量可燃气体和多种气体的仪器、仪表可分为以下几种类型：

①接触（催化）燃烧式气体传感器。

②热传导式气体传感器：

a. 气体热传导式气体传感器

利用被测气体的热传导率与铂丝（发热体）的热传导率之差所引起的温度变化的特性测定气体的浓度，主要用于测定氢气、一氧化碳、二氧化碳、氮气、氧气等气体的浓度，多制成携带式仪器。

b. 固体热传导式气体传感器

利用被测气体的不同浓度在金属氧化物表面燃烧引起的电阻变化特性，来达到测定被测气体浓度的目的，主要用于测定氢气、一氧化碳、氨气等气体的浓度，也可用于测定其他可燃性气体的浓度，多制成携带式仪器。

③半导体式气敏传感器。主要用于报警器，超过规定浓度时，发出声光报警。

④湿式电化学传感器。

（2）气体检测报警仪表分类

工业生产环境所用气体测量及报警仪表，可按其功能、检测对象、检测原理、使用方式、适用场所分为以下几类：

①按功能分为气体检测仪表、气体报警仪表、气体检测报警仪表三类。

②按检测对象分为可燃性气体检测报警仪表、有毒气体检测报警仪表和氧气检测报警仪表三类。

③按检测原理分：主要取决于所用气体传感器的基本工作原理，可燃气体检测有催化燃烧型、半导体型、热导型和红外线吸收型等；有毒气体检测有电化学型、半导体型等；氧气检测有电化学型等。

④按使用方式：一般分为携带式和固定式两种。其中，固定式多用于连续监测报警，携带式多用于携带检查泄漏和事故预测。

⑤按使用场所：根据工业生产环境，尤其是石化场所防爆安全的要求，分为常规型和防爆型两类。其中，防爆型多制成固定式，用于危险场所连续安全监测。

（3）常见气体检测报警仪表

主要分为煤气报警控制器、瓦斯检测仪、感烟探测器等。

第五节　化工过程设备状态监测故障诊断技术

机器设备发生故障，最早的维修方法是当机器损坏以后再维修，即"事后维修"，由于机器损坏后停机维修时间较长，该方法不仅经济损失大，也危及设备和人身安全。"定期维修"这种方法虽然能保证机器正常运行，但由于不知道机器在什么时候、什么部位发生什么样的故障，很难正确地确定检修周期。为此，利用机械设备的状态监测和故障诊断方法为机器设备的"预知维修"提供了先进的管理方法和维修技术。

一、设备状态监测和故障诊断

（1）状态监测和故障诊断内容。一是对设备的运行状态进行监测；二是在发现异常后对设备的故障进行分析诊断。状态监测的主要方法有趋势监测和状态检查。趋势监测是连续地或有规律地对机器有关参数进行测量和分析，确定机器的运行趋势和状况，提出机器劣化停机的预防时间。要选择最敏感的特征信息，振动和噪声能实时地、直观地、精确地显示出机器的动态特性及其变化过程，测试方法简便易行，并且对它们也很敏感。所以振动信号谱分析技术已成为对机器进行状态监测和诊断的主要方法。

（2）故障诊断技术可分为简易诊断和精密诊断。简易诊断是使用简单便携的点检仪器或专用仪器，对机器的状态参数进行监测并作出初步的判断；精密诊断就是运用如频谱分析仪及其他一些计算机支持的仪器对监测到的信号进行数据处理分析，从而确定机器发生异常的原因、部位、程度及发展趋势等，并决定应采取的对策。

■ 典型例题 ■

运用如频谱分析仪及其他一些计算机支持的仪器对监测信号进行数据处理分析，从而确定机器发生异常的原因、部位、程度及发展趋势等，并决定应采取的对策属于（　　）。

A. 简易诊断技术　　　　　　　　　B. 精密诊断技术

C. 状态监测技术　　　　　　　　　D. 无损检测技术

【答案】B

【解析】故障诊断技术可分为简易诊断和精密诊断。精密诊断就是运用如频谱分析仪及其他一些计算机支持的仪器对监测到的信号进行数据处理分析，从而确定机器发生异常的原因、部位、程度及发展趋势等，并决定应采取的对策。

二、运用的主要技术

（1）电子和计算技术

一些专用仪器和一些新的信号的拾取、分析及处理的方法基于这两项技术。

（2）声、振测试和分析技术

机器设备运行状态的好坏与机器的振动有着直接的联系，它是目前状态监测和故障诊断技术中应用最广泛、最普遍的技术之一，且已取得较好的效果。

（3）测温技术

温度的测试技术，尤其是适合于在线、非接触式、远距测试的红外测温技术的运用较为普遍，被测点的温度数值可以直接读出，因而利用温度对设备进行诊断能起到立竿见影的效果。

（4）油液分析技术

磨损、疲劳和腐蚀是机械零件失效的三种主要形式和原因。而其中磨损失效约占80％左右，由于油液分析对磨损监测的灵敏性和有效性高，因此在状态监测和故障诊断中这种方法日益显示出其重要地位。

（5）无损检测技术。该技术是一门独立的技术，被引进到状态监测和故障诊断技术中。如超声及射线探伤，磁粉、着色渗透的表面裂纹探伤及声发射探伤等技术被用来对大型固定或运动着的装置进行监测和诊断已越来越受到人们的关注。

三、振动信号的概念与处理方法

（1）振动是指物体在平衡位置上作往复运动的现象。最简单的就是简谐振动，简谐振动可以用正弦曲线或余弦曲线来表示。非确定性信号是指不能用数学关系式描述的信号，也无法预知其将来的幅值，又称为随机信号。在工程实践中，采集到的几乎全部是随机信号。

（2）随机信号的分析和处理方法。主要有时域分析、频域分析。常常采用倒频谱分析法，与时域分析相比，它在频率分辨方面大大提高了灵敏度。倒频谱分析可以使信号中较低的幅值分量得到较大增强，可以清楚地识别信号的组成，突出人们感兴趣的周期成分，并且能清楚地分离边带信号和谐波。使用倒频谱分析能够清楚地检测和分离出这些周期信号。

（3）信号处理的要求。一是处理的快速性，二是高的分辨率。对信号处理的高分辨率的要求是来自设备结构的复杂化和工作转速的日益提高。研究任意频带的频率分析技术，即细化分析技术，应用最广泛的是复调制FFT（快速傅氏变换）方法，它是一项最为有效地提高频率分辨率的实用技术。

四、化工设备故障诊断

化工设备种类繁多，如汽轮机、压缩机、泵、风机、电动机、粉碎机、膨胀机等，统称为旋转机械。旋转机械故障的诊断，首先要根据各种故障发生的机理，寻找其特有的症状及敏感参数。

（1）故障的简易诊断方法

简易诊断方法就是采用一些便携式测振仪拾取信号，并直接由信号的某些参数或统计量构成诊断指标，根据对诊断指标的分析以判定设备是正常或是异常，主要用于设备状态监测中。正确地拾取信号是进行设备诊断的基础或先决条件，须正确处理好以下几个问题。

①正确选择测量方式。测量参数振动信号的采集有两种测量方式，一种是离线测量，即采集信号和分析数据是分别进行的。测量参数的选择除了根据频率范围外，还应同时考虑所采用的传感器及判断标准等。例如采用涡流传感器进行轴心轨迹分析时，就要选择输出位移。采用国际标准进行振动等级评判时就必须输出速度。

②合理布置测点。因轴承是反映诊断信息最集中和最敏感的部位，主要测点应布置在轴承部位。遵循原则：每次测量要在同一测点进行，还要保持测量时设备的工况、测量的参数和使用的仪器和测量的方法相同，这样才能保证每次所测数据的真实性和相互可比性。

③选定合适的测量周期。测量周期是指每次采集信号的间隔时间。它与机器的类型及故障发展的速度有关。一般低速旋转机械或与磨损有关的故障，可以采用较长的测量周期，但是一旦发现故障进展较快时，就应缩短测量周期。

（2）齿轮故障诊断方法

齿轮传动具有结构紧凑、效率高、寿命长、工作可靠和维修方便等特点。功率谱一般有三种频率结构，分别对应于不同的原因。正常运行的齿轮的功率谱中一般可能同时有三种频率结构。随着齿轮故障的产生，其线状谱部分的幅值会上升。

①线状谱，主要产生原因是齿轮的啮合频率及其谐波。

②山状谱，主要产生原因是结构共振如齿轮轴横向振动固有频率。

③随机谱，主要产生原因是随机振动信号。

第六节　无损检测技术

无损检测是指在不损害或不影响被检测对象使用性能，不伤害被检测对象内部组织的前提下，利用材料内部结构异常或存在缺陷引起的热、声、光、电、磁等反应的变化，以物理或化学方法为手段，借助现代化的技术和设备器材，对试件内部及表面的结构、性质、状态及缺陷的类型、性质、数量、形状、位置、尺寸、分布及其变化进行检查和测试的方法。无损检测是工业发展必不可少的有效工具，在一定程度上反映了一个国家的工业发展水平，无损检测的重要性已得到公认，主要有射线检验（RT）、超声检测（UT）、磁粉检测（MT）和液体渗透检测（PT）四种。其他无损检测方法有涡流检测（ECT）、声发射检测（AE）、热像/红外仪（TIR）检测、泄漏试验（LT）、交流场测量技术（ACFMT）、漏磁检验（MFL）、远场测试检测方法（RFT）、超声波衍射时差法（TOFD）等。

一、无损检测的原理

无损检测是利用物质的声、光、磁和电等特性，在不损害或不影响被检测对象使用性能的前提下，检测被检对象中是否存在缺陷或不均匀性，给出缺陷大小、位置、性质和数量等信息。与破坏性检测相比，无损检测有以下特点：第一，具有非破坏性，因为它在做检测时不会损害被检测对象的使用性能；第二，具有全面性，由于检测是非破坏性，因此必要时可对被检测对象进行100％的全面检测，这是破坏性检测办不到的；第三，具有全程性，破坏性检测一般只适用于对原材料进行检测，如机械工程中普遍采用的拉伸、压缩、弯曲等，破坏性检验都是针对制造用的原材料进行的，对于产成品和在用品，除非不准备让其继续服役，否则是不能进行破坏性检测的，而无损检测因不损坏被检测对象的使用性能，所以，它不仅可对制造用的原材料，各中间工艺环节，直至最终产成品进行全程检测，也可对服役中的设备进行检测。

无损检查目视检测范围：

（1）焊缝表面缺陷检查。检查焊缝表面裂纹、未焊透及焊漏等焊接质量。

（2）状态检查。检查表面裂纹、起皮、拉线、划痕、凹坑、凸起、斑点、腐蚀等缺陷。

（3）内腔检查。当某些产品（如蜗轮泵、发动机等）工作后，按技术要求规定的项目进行内窥检测。

（4）装配检查。当有要求和需要时，使用同三维工业视频内窥镜对装配质量进行检查；装配或某一工序完成后，检查各零部组件装配位置是否符合图样或技术条件的要求；是否存在装配缺陷。

（5）多余物检查。检查产品内腔残余内屑、外来物等多余物。

二、无损检测的发展

无损检测已不再是仅仅使用 X 射线，包括声、电、磁、电磁波、中子、激光等各种物理检测方法几乎都被用于无损检测，譬如：超声检测、涡流检测、磁粉检测、射线检测、渗透检测、目视检测、红外检测、微波检测、泄漏检测、声发射检测、漏磁检测、磁记忆检测、热中子照相检测、激光散斑成像检测、光纤光栅传感技术，等等，而且还在不断地开发和应用新的方法和技术。

一些看上去非常传统的无损检测方法，实际上也已经发展出了许多新技术，譬如：

射线检测——传统技术是：胶片射线照相（X 射线和 γ 射线）。新技术有：加速器高能 X 射线照相、数字射线成像（DR）、计算机射线照相（CR，类似于数码照相）、计算机层析成像（CT）、射线衍射等等。

超声检测——传统技术是：A 型超声（A 扫描超声，A 超）。新技术有：B 扫描超声（B 超）、C 扫描超声（C 超）、超声衍射（TOFD）、相控阵超声、共振超声、电磁超声、超声导波等等。

三、无损检测的特点

1. 非破坏性

指在获得检测结果的同时，除了剔除不合格品外，不损失零件。因此，无损检测的规模不受零件多少的限制，既可抽样检验，又可在必要时采用普检。因而，更具有灵活性（普检、抽检均可）和可靠性。

2. 互容性

指检验方法的互容性，即同一零件既可同时或依次采用不同的检验方法，又可重复地进行同一检验。这也是非破坏性带来的好处。

3. 动态性

无损探伤方法可对使用中的零件进行检验，而且能够适时考察产品运行期的累计影响。因而，可查明结构的失效机理。

4. 严格性

首先，无损检测需要专用仪器、设备；其次，需要专门训练的检验人员，按照严格的规程和标准进行操作。

5. 检验结果的分歧性

不同的检测人员对同一试件的检测结果可能有分歧。特别是在超声波检验时，同一检验项目要由两个检验人员来完成，需要"会诊"。

■ 典型例题 ■

下列属于无损检测技术特点的有（　　）。

A. 破坏性 　　　　　　　　　　　　B. 互容性

C. 动态性 　　　　　　　　　　　　D. 严格性

E. 检测结果的分歧性

【答案】BCDE

【解析】概括起来，无损检测的特点是：非破坏性、互容性、动态性、严格性以及检测结果的分歧性等。

四、常规无损检测方法

无损检测方法很多，据美国国家宇航局调研分析，其可分为 6 大类约 70 余种。但在实际应用中比较常见的有以下几种：

1. 目视检测（VT）

目视检测在国内实施的比较少，但在国际上非常受重视，是无损检测第一阶段首要方法。按照国际惯例，要先做目视检测，以确认不会影响后面的检验，接着再做四大常规检验。例如 BINDT 的 PCN 认证，就有专门的 VT1、VT2、VT3 级考核，更有专门的持证要求。VT 常常用于目视检查焊缝，焊缝本身有工艺评定标准，都可以通过目测和直接测量尺寸来做初步检验，发现咬边等不合格的外观缺陷，就要先打磨或者修整，之后再做其他深入的仪器检测。例如检测焊接件表面和铸件表面使用 VT 比较多，而检测锻件就使用得很少，并且其检查标准是基本相符的。

2. 射线照相法（RT）

是指用 X 射线或 γ 射线穿透试件，以胶片作为记录信息的器材的无损检测方法，该方法是最基本的、应用最广泛的一种非破坏性检验方法。

原理：射线能穿透肉眼无法穿透的物质使胶片感光，当 X 射线或 γ 射线照射胶片时，与普通光线一样，能使胶片乳剂层中的卤化银产生潜影，由于不同密度的物质对射线的吸收系数不同，照射到胶片各处的射线强度也就会产生差异，便可根据暗室处理后的底片各处黑度差来判别缺陷。

总的来说，RT 的定性更准确，有可供长期保存的直观图像，但总体成本相对较高，而且射线对人体有害，检验速度会较慢。

3. 超声波检测（UT）

原理：就通过超声波与试件相互作用，对反射、透射和散射的波进行研究，对试件进行宏观缺陷检测、几何特性测量、组织结构和力学性能变化的检测和表征，进而对其特定应用性进行评价的技术。

适用于金属、非金属和复合材料等多种试件的无损检测，可对较大厚度范围内的试件内部缺陷进行检测。如对金属材料，可检测厚度为 $1\sim2$ 毫米的薄壁管材和板材，也可检测几米长的钢锻件。而且缺陷定位较准确，对面积型缺陷的检出率较高。灵敏度高，可检测试件内部尺寸很小的缺陷。并且检测成本低、速度快，设备轻便，对人体及环境无害，现场使用较方便。

但其对具有复杂形状或不规则外形的试件进行检测有困难，而且缺陷的位置、取向和形状以及材质和晶粒度都对检测结果有一定影响，检测结果也无直接见证记录。

4. 磁粉检测（MT）

原理：铁磁性材料和工件被磁化后，不连续性缺陷的存在，使工件表面和近表面的磁力线发生局部畸变而产生漏磁场，吸附施加在工件表面的磁粉，形成在合适光照下目视可见的磁痕，从而显示出不连续性的位置、形状和大小。

适用性和局限性：

磁粉探伤适用于检测铁磁性材料表面和近表面尺寸很小、间隙极窄（如可检测出长 0.1 毫米、宽为微米级的裂纹）目视难以看出的不连续性缺陷。也可对原材料、半成品、成品工件和在役的零部件检测，还可对板材、型材、管材、棒材、焊接件、铸钢件及锻钢件进行检测，可发现裂纹、夹杂、发纹、白点、折叠、冷隔和疏松等缺陷。

但磁粉检测不能检测奥氏体不锈钢材料和用奥氏体不锈钢焊条焊接的焊缝，也不能检测铜、铝、镁、钛等非磁性材料。对表面浅的划伤、埋藏较深的孔洞和与工件表面夹角小于 $20°$ 的分层和折叠难以发现。

5. 渗透检测（PT）

原理：零件表面被施涂含有荧光染料或着色染料的渗透剂后，在毛细管作用下，经过一段时间，渗透液可以渗透进表面开口缺陷中；经去除零件表面多余的渗透液后，再在零件表面施涂显像剂，同样，在毛细管的作用下，显像剂将吸引缺陷中保留的渗透液回渗到显像剂中，在一定的光源下（紫外线光或白光），缺陷处的渗透液痕迹被显现（黄绿色荧光或鲜艳红色），从而探测出缺陷的形貌及分布状态。

优点及局限性：

渗透检测可检测各种材料，如金属、非金属材料，磁性、非磁性材料，焊接、锻造、轧制等加工材料；具有较高的灵敏度（可发现 $0.1\mu m$ 宽缺陷），显示直观、操作方便、检测费用低。

但它只能检出表面开口的缺陷，不适于检查多孔性疏松材料制成的工件和表面粗糙的工件；只能检出缺陷的表面分布，难以确定缺陷的实际深度，因而很难对缺陷做出定量评价，检出结果受操作者的影响也较大。

6. 涡流检测（ECT）

原理：将通有交流电的线圈置于待测的金属板上或套在待测的金属管外，这时线圈内及其附近将产生交变磁场，使试件中产生呈旋涡状的感应交变电流，称为涡流。涡流的分布和大小，除与线圈的形状和尺寸、交流电流的大小和频率等有关外，还取决于试件的电导率、磁导率、形状和尺寸、与线圈的距离以及表面有无裂纹缺陷等。因而，在保持其他因素相对不变的条件下，用一探测线圈测量涡流所引起的磁场变化，可推知试件中涡流的大小和相位变化，进而获得有关电导率、缺陷、材质状况和其他物理量（如形状、尺寸等）的变化或缺陷存在等信息。但由于涡流是交变电流，具有集肤效应，所检测到的信息仅能反映试件表面或近表面处的情况。

应用：按试件的形状和检测目的的不同，可采用不同形式的线圈，通常有穿过式、探头式和插入式线圈3种。穿过式线圈用来检测管材、棒材和线材，它的内径略大于被检物件，使用时使被检物体以一定的速度在线圈内通过，可发现裂纹、夹杂、凹坑等缺陷。探头式线圈适用于对试件进行局部探测，应用时线圈置于金属板、管或其他零件上，可检查飞机起落撑杆内筒上和涡轮发动机叶片上的疲劳裂纹等。插入式线圈也称内部探头，放在管子或零件的孔内用来作内壁检测，可用于检查各种管道内壁的腐蚀程度等。为了提高检测灵敏度，探头式和插入式线圈大多装有磁芯。涡流法主要用于生产线上的金属管、棒、线的快速检测以及大批量零件如轴承钢球、汽门等的探伤（这时，除涡流仪器外尚须配备自动装卸和传送的机械装置）、材质分选和硬度测量，也可用来测量镀层和涂膜的厚度。

优缺点：涡流检测时线圈不须与被测物直接接触，可进行高速检测，易于实现自动化，但不适用于形状复杂的零件，而且只能检测导电材料的表面和近表面缺陷，检测结果也易于受到材料本身及其他因素的干扰。

7. 声发射检测（AE）

通过接收和分析材料的声发射信号来评定材料性能或结构完整性的无损检测方法。材料中因裂缝扩展、塑性变形或相变等引起应变能快速释放而产生的应力波现象被称为声发射。这是一种新增的无损检测方法，通过材料内部的裂纹扩张等发出的声音进行检测。主要用于检测在用设备、器件的缺陷及缺陷发展情况，以判断其良好性。

声发射技术的应用已较广泛。可以用声发射鉴定不同范性变形的类型，研究断裂过程并区分断裂方式，检测出小于0.01毫米长的裂纹扩展，研究应力腐蚀断裂和氢脆，检测马氏体相变，评价表面化学热处理渗层的脆性，以及监视焊后裂纹产生和扩展，等等。在工业生产中，声发射技术已用于压力容器、锅炉、管道和火箭发动机壳体等大型构件的水压检验，评定缺陷的危险性等级，作出实时报警。在生产过程中，用PXWAE声发射技术可以连续监视高压容器、核反应堆容器和海底采油装置等构件的完整性。声发射技术还被应用于测量固体火箭发动机火药的燃烧速度和研究燃烧过程，检测渗漏，研究岩石的断裂，监视矿井的崩塌，并预报矿井的安全性。

8. 超声波衍射时差法（TOFD）

20世纪70年代，TOFD技术由英国哈威尔的国家无损检测中心Silk博士首先提出，其原理源于Silk博士对裂纹尖端衍射信号的研究。在同一时期我国中科院也检测出了裂纹尖端衍射信号，发展出一套裂纹测高的工艺方法，但并未发展出现在通行的TOFD检测技术。TOFD技术首先是一种检测方法，但能满足这种检测方法要求的仪器却迟迟未能问世。详细情况在下一部分内容进行讲解。TOFD要求探头接收微弱的衍射波时达到足够的信噪比，仪器可全程记录A扫波形，形成D扫描图谱，并且可用解三角形的方法将A扫时间值换算成深度值。而同一时期工业探伤的技术水平没能达到可满足这些技术要求的水平。直到20世纪90年代，计算机技术的发展使得数字化超声探伤仪发展成熟后，研制便携、成本可接受的TOFD检测仪才成为可能。即便如此，TOFD仪器与普通A超仪器之间还存在很大技术差别，是一种依靠从待检试件内部结构（主要是指缺陷）的"端角"和"端点"处得到的衍射能量来检测缺陷的方法，用于缺陷的检测、定量和定位。

本章练习

1. 工件内部裂纹属于面积型缺陷，最适宜的检测方法应该是（　　）。

A. 超声波检测

B. 渗透检测

C. 目视检测

D. 磁粉检测

【答案】A

【解析】超声波检测对面积型缺陷的检出率较高，而对体积型检出率较低，适宜检验厚度较大的工件。故选 A。

2. 在压力容器受压元件的内部，常常存在着不易被发现的缺陷，需要采用无损检测的方法进行探查。射线检测和超声波检测是两种常用于检测材料内部缺陷的无损检测方法。下列关于这两种无损检测方法特点的说法中，错误的是（　　）。

A. 射线检测对面积型缺陷检出率高，对体积型缺陷有时容易漏检

B. 超声波检测易受材质、晶粒度影响

C. 射线检测适宜检验对接焊缝，不适宜检验角焊缝

D. 超声波检测对位于工件厚度方向上的缺陷定位较准确

【答案】A

【解析】射线检测的特点是：可以获得缺陷直观图像，定性准确，对长度、宽度尺寸的定量也较准确；检测结果有直接记录，可以长期保存；对体积型缺陷（气孔、夹渣类）检出率高，对面积型缺陷（裂纹、未熔合类）如果照相角度不适当容易漏检；适宜检验厚度较薄的工件，不适宜检验较厚的工件；适宜检验对接焊缝，不适宜检验角焊缝以及板材、棒材和锻件等；对缺陷在工件中厚度方向的位置、尺寸（高度）的确定较困难；检测成本高、速度慢；射线对人体有害。超声波检测特点是：超声波检测对面积型缺陷的检出率较高，而对体积型缺陷检出率较低；适宜检验厚度较大的工件；适用于检测各种试件，包括检测对接焊缝、角焊缝、板材、管材、棒材、锻件以及复合材料等；检验成本低、速度快，检测仪器体积小、重量轻，现场使用方便；检测结果无直接见证记录；对缺陷在工件厚度方向上定位较准确；材质、晶粒度对检测有影响。

3. 压力容器器壁内部常常存在着不易被发现的各种缺陷。为及时发现这些缺陷并进行相应处理，需采用无损检测的方法进行检验。无损检测的方法有多种，如超声波检测、射线检测、涡流检测、磁粉检测。其中，对气孔、夹渣等体积型缺陷检出率高，适宜检测厚度较薄工件的检测方法是（　　）。

A. 超声波检测

B. 射线检测

C. 磁粉检测

D. 涡流检测

【答案】B

【解析】射线检测的特点：对长度、宽度尺寸的定量较准确；检测结果有直接记录，可以长期保存；对体积型缺陷（气孔、夹渣类）检出率高，对面积型缺陷（裂纹、未熔合类）如果照相角度不适当，容易漏检；适宜检验厚度较薄的工件，不适宜较厚的工件；适宜检验对接焊缝，不适宜检验角焊缝以及板材、棒材和锻件等；对缺陷在工件中厚度方向的位置、尺寸（高度）的确定较困难；检测成本高、速度慢；射线对人体有害。

4. 无损检测适合于构件的（　　）检查。

A. 直观

B. 内部缺陷

C. 耐腐性

D. 承载能力

【答案】B

【解析】无损探伤法是在不损伤被检工件的情况下，利用材料和材料中缺陷所具有的物理特性探查其内部是否存在缺陷的方法。

5. 对于大型联合装置、区域控制中心和全厂中心控制室等的可燃及有毒气体检测报警系统，可优先考虑与火灾检测报警系统合并设置，即常说的（　　）。

A. DCS

B. FGS

C. SIS

D. HVAC

【答案】B

【解析】新标准第 5.3.2 条对应的条文说明中提出："对于大型联合装置、区域控制中心和全厂中心控制室等的可燃及有毒气体检测报警系统，可优先考虑与火灾检测报警系统合并设置"，即常说的 FGS（火灾报警和气体检测系统）。

第七章 化工事故应急救援技术

考试内容及要求

　　运用化工安全相关技术和标准，掌握主要化工事故灾害类型应急救援技能和急救措施；根据化工企业潜在的事故风险，编制相应的现场处置方案，提出现场应急救援器材配备要求；根据特定的事故场景，制定应急救援演练方案并根据演练情况完善应急预案；了解各类应急器材的工作原理、使用要求和适用范围，根据化工企业事故类型的特点，判定企业配备的应急救援器材的符合性。

第一节　化工事故应急技能与处置方案

一、救援技能与急救知识

　　如果发生爆炸，首先，不要恐慌，在室外的人应迅速寻找掩蔽体掩护，趴在地面或手抱头部迅速蹲下，同时塞住耳朵、张开嘴平衡压力，以免耳膜被冲击波震破。

　　逃离爆炸现场时，避免接触任何化学物品，用湿毛巾捂住口鼻，绕开爆炸点向上风口撤离。若不幸接触到化学物质，应迅速脱去衣服，立即用大量清水冲洗创伤部位，冲洗时间不应少于15分钟，然后及时就医。留在室内的人们，应远离窗户、玻璃门等危险区域，保持出口畅通，备好食品和饮用水，拨打电话求助，等待通知安全的疏散地点后再撤离。

> **典型例题**
>
> 　　不幸接触到化学物质，应迅速脱去衣服，立即用大量清水冲洗创伤部位，冲洗时间不应少于（　　）分钟。
>
> 　　A. 10　　　　　　B. 15　　　　　　C. 20　　　　　　D. 25
>
> 　　【答案】B
>
> 　　【解析】若不幸接触到化学物质，应迅速脱去衣服，立即用大量清水冲洗创伤部位，冲洗时间不应少于15分钟，然后及时就医。故选B。

二、应急处理处置方法

1. 泄漏应急处理

　　隔离泄漏污染区，周围设警告标志，切断火源。建议应急处理人员戴好防毒面具，穿化学防护服。冷却，防止震动、撞击和摩擦，避免扬尘，使用无火花工具小心扫起，转移到安全场所。也可以用大量水冲洗，经稀释的洗水放入废水系统。如大量泄漏，则用水润湿，然后收集、转移、回收或无害处理后废弃。

废弃物处置方法：用焚烧法。废料溶于丙酮后再焚烧，焚烧炉要有后燃烧室，焚烧炉排出的气体通过碱洗涤器除去有害成分。

2. 防护措施

呼吸系统防护：空气中浓度较高时，佩戴防毒面具。紧急事态抢救或逃生时，佩戴自给式呼吸器。

眼睛防护：戴安全防护眼镜。

防护服：穿紧袖工作服，长筒胶鞋。

手防护：戴橡皮胶手套。

其他：工作现场禁止吸烟、进食和饮水。工作后，淋浴更衣。保持良好的卫生习惯。进行就业前和定期的体检。

3. 急救措施

皮肤接触：立即脱去被污染的衣物，用肥皂水及清水彻底冲洗。

眼睛接触：立即提起眼睑，用大量流动清水或生理盐水冲洗。

吸入：迅速脱离现场至空气新鲜处。注意保暖，呼吸困难时给输氧。对呼吸及心跳停止者立即进行人工呼吸和心脏按压术。就医。

食入：误服者给漱口，饮水，洗胃后口服活性炭，再给以导泻。就医。

灭火方法：雾状水。禁止用砂土压盖。

第二节　化工事故现场救援

事故现场急救应按照紧急呼救、判断伤情和救护三大步骤进行。

1. 紧急呼救

当事故发生，发现了危重伤员，经过现场评估和病情判断后需要立即救护，同时立即向专业急救机构或附近担负院外急救任务的医疗部门、社区卫生单位报告，常用的急救电话为120。由急救机构立即派出专业救护人员、救护车至现场抢救。

（1）救护启动

救护启动称为呼救系统开始。呼救系统的畅通，在国际上被列为抢救危重伤员的"生命链"中的"第一环"。有效的呼救系统对保障危重伤员获得及时救治至关重要。

应用无线电和电话呼救。通常在急救中心配备有经过专门训练的话务员，能够对呼救作出迅速适当应答，并能把电话接到合适的急救机构。城市呼救网络系统的"通信指挥中心"，应当接收所有的医疗（包括灾难等意外伤害事故）急救电话，根据伤员所处的位置和病情，指定就近的急救站去救护伤员。这样可以大大节省时间，提高效率，便于伤员救护和转运。

（2）呼救电话须知

紧急事故发生时，须报警呼救，最常使用的是呼救电话。使用呼救电话时必须要用最精练、准确、清楚的语言说明伤员目前的情况及严重程度，伤员的人数及存在的危险，需要何类急救。如果不清楚身处位置的话，不要惊慌，因为救护医疗服务系统控制室可以通过地球卫星定位系统追踪其正确位置。

一般应简要清楚地说明以下几点：

①（报告人）电话号码与姓名，伤员姓名、性别、年龄和联系电话。

②伤员所在的确切地点，尽可能指出附近街道的交汇处或其他显著标志。

③伤员目前最危重的情况，如昏倒、呼吸困难、大出血等。

④灾害事故、突发事件时，说明伤害性质、严重程度、伤员的人数。

⑤现场所采取的救护措施。

不要先放下话筒，要等救护医疗服务系统调度人员先挂断电话。

（3）单人及多人呼救

在专业急救人员尚未到达时，如果有多人在现场，一名救护人员留在伤员身边开展救护，其他人通知医疗急救部门机构。如果发生意外伤害事故，要分配好救护人员各自的工作，分秒必争组织有序地实施伤员的寻找、脱险、医疗救护工作。

在伤员心脏骤停的情况下，为挽救生命，抓住"救命的黄金时刻"，可立即进行心肺复苏，然后迅速拨打电话。如有手机在身，则进行1～2分钟心肺复苏后，在抢救间隙中打电话。

对于任何年龄的外伤或呼吸暂停患者，打电话呼救前接受1分钟的心肺复苏是非常必要的。

2. 判断危重伤情

在现场巡视后进行对伤员的最初评估。发现伤员后，尤其是处在情况复杂的现场时，救护人员需要首先确认并立即处理威胁生命的情况，检查伤员的意识、气道、呼吸、循环体征等。判断危重伤情的一般步骤和方法如下。

（1）意识

先判断伤员神志是否清醒。在呼唤、轻拍、推动时，伤员会睁眼或有肢体运动等其他反应，表明伤员有意识。如伤员对上述刺激无反应，则表明意识丧失，已陷入危重状态。如果伤员突然倒地，然后呼之不应，情况多为严重。

（2）气道

呼吸必要的条件是保持气道畅通。如伤员有反应但不能说话、不能咳嗽、憋气，可能存在气道梗阻，必须立即检查和清除，如进行侧卧位和清除口腔异物等。

（3）呼吸

评估呼吸。正常人每分钟呼吸12～18次，危重伤员呼吸变快、变浅，乃至不规则，呈叹息状。在气道畅通后，对无反应的伤员进行呼吸检查，如伤员呼吸停止，应保持气道通畅，立即施行人工呼吸。

（4）循环体征

在检查伤员意识、气道、呼吸之后，应对伤员的循环体征进行检查。可以通过检查循环的体征，如呼吸、咳嗽、运动、皮肤颜色、脉搏情况来进行判断。

成人正常心跳每分钟60～80次。

呼吸停止，心跳随之停止；或者心跳停止，呼吸也随之停止。心跳、呼吸几乎同时停止也是常见的。

心跳反映在手腕处的桡动脉、颈部的颈动脉处较易触到。

心律失常，以及严重的创伤、大失血等危及生命时，心跳或加快，超过每分钟100次；或减慢，每分钟40～50次；或不规则，忽快忽慢，忽强忽弱，这些均为心脏呼救的信号，都应引起重视。

如伤员面色苍白或青紫，口唇、指甲发绀，皮肤发冷等，可以知道其皮肤循环和氧代谢情况不佳。

▪ 典型例题 ▪

心律失常，以及严重的创伤、大失血等危及生命时，心跳或加快，超过（　　）；或减慢，（　　）。

A. 80 次/分钟；40～50 次/分钟　　　　B. 120 次/分钟；30～50 次/分钟

C. 100 次/分钟；40～50 次/分钟　　　　D. 100 次/分钟；50～60 次/分钟

【答案】C

【解析】心律失常，以及严重的创伤、大失血等危及生命时，心跳或加快，超过每分钟100次；或减慢，每分钟40～50次；或不规则，忽快忽慢，忽强忽弱，这些均为心脏呼救的信号，都应引起重视。故选 C。

（5）瞳孔反应

眼睛的瞳孔又称"瞳仁"，位于黑眼球中央。正常时双眼的瞳孔是等大圆形的，遇到强光能迅速缩小，很快又回到原状。用手电筒突然照射一下瞳孔即可观察到瞳孔的反应。当伤员脑部受伤、脑出血、严重药物中毒时，瞳孔可能缩小为针尖大小，也可能扩大到黑眼球边缘，对光线不起反应或反应迟钝。有时因为出现脑水肿或脑疝，使双眼瞳孔一大一小。瞳孔的变化表示脑病变的严重性。

当完成现场评估后，再对伤员的头部、颈部、胸部、腹部、盆腔、脊柱、四肢进行检查，看有无开放性损伤、骨折畸形、触痛、肿胀等体征，有助于对伤员的病情判断。

还要注意伤员的总体情况，如表情淡漠不语、冷汗口渴、呼吸急促、肢体不能活动等现象为病情危重的表现；对外伤伤员应观察神志不清程度，呼吸次数和强弱，脉搏次数和强弱；注意检查有无活动性出血，如有，则立即止血。严重的胸腹部损伤容易引起休克、昏迷甚至死亡。

3. 救护基本步骤

灾害事故现场一般都很混乱，组织指挥特别重要，应快速组成临时现场救护小组，统一指挥，加强灾害事故现场一线救护，这是保证抢救成功的关键措施之一。

避免慌乱，尽可能缩短伤后至抢救的时间，强调提高基本治疗技术是做好灾害事故现场救护的最关键。应能善于应用现有的先进科技手段，体现"立体救护、快速反应"的救护原则，提高救护的成功率。

现场救护原则是先救命后治伤，先重伤后轻伤，先抢后救，抢中有救，尽快脱离事故现场，先分类再运送，医护人员以救为主，其他人员以抢为主，各负其责，相互配合，以免延误抢救时机。现场救护人员应注意自身防护。第一目击者及所有救护人员，应牢记现场对垂危伤员抢救生命的首要目的是救命。为此，实施现场救护的基本步骤可以概括如下。

（1）采取正确的救护体位

对于意识不清者，取仰卧位或侧卧位，便于复苏操作及评估复苏效果，在可能的情况下，翻转为仰卧位（心肺复苏体位）时应放在坚硬的平面上，救护人员需要在检查后，进行心肺复苏。

若伤员没有意识但有呼吸和脉博，为了防止呼吸道被舌后坠或唾液及呕吐物阻塞引起窒息，对伤员应采用侧卧位（复原卧式位），唾液等容易从口中引流。体位应保持稳定，易于伤员翻转其他体位，保持利于观察和通畅的气道；超过 30 分钟，翻转伤员到另一侧。

注意不要随意移动伤员，以免造成伤害。如不要用力拖动、拉起伤员，不要搬动和摇动已确定有头部或颈部外伤者等。有颈部外伤者在翻身时，为防止颈椎再次损伤引起截瘫，另一人应保持伤员头、颈部与身体同一轴线翻转，做好头、颈部的固定。其他骨折救护在下面述叙。

心肺复苏体位（仰卧位）操作方法：救护人员位于伤员的一侧；将伤员的双上肢向头部方向伸直；把伤员远离救护人员一侧的小腿放在另一侧腿上，两腿交叉；救护人员一只手托住伤员的头、颈部，另一只手抓住远离救护人员一侧的伤员腋下或胯部，将伤员整体翻转向救护人员；待伤员翻为仰卧位，再将伤员上肢置于身体两侧。

（2）复原卧式（侧卧位）操作方法

救护人员位于伤员的一侧；救护人员将靠近自身的伤员手臂上举置于头部侧方，伤员另一手肘弯曲置于胸前；把伤员远离救护人员一侧的腿弯曲；救护人员用一只手扶住伤员肩部，另一只手抓住伤员胯部或膝部，轻轻将伤员侧卧；将伤员上方的手置于面颊下方，以维持头部后仰及防止面部朝下。

（3）救护人员体位

救护人员在实施心肺复苏操作时，根据现场伤员的周围处境，选择伤员一侧，将两腿自然分开与肩同宽间距跪贴于（或立于）伤员的肩、腰部，有利于实施操作。

（4）其他体位

头部外伤者，取水平仰卧，头部稍稍抬高。如面色发红，则取头高脚低位；如面色青紫，则取头低脚高位。伤员呼吸心跳停止后，全身肌肉松弛，口腔内的舌肌也容易因松弛下坠而阻塞呼吸道。采用开放气道的方法，可使阻塞呼吸道的舌根上提，使呼吸道畅通。

用最短的时间，先将伤员衣领口、领带、围巾等解开，带上手套迅速清除伤员口鼻内的污泥、土块、痰、呕吐物等异物，以利于呼吸道畅通，再将气道打开。

①仰头举颏法。

救护人员用一只手的小鱼际部位置于伤员的前额并稍加用力使头后仰，另一只手的食指、中指置于下颏将下颌骨上提，救护人员手指不要深压颏下软组织，以免阻塞气道。

②仰头抬颈法。

救护人员用一只手的小鱼际部位放在伤员前额，向下稍加用力使头后仰，另一只手置于颈部并将颈部上托，无颈部外伤可用此法。

③双下颌上提法。

救护人员双手手指放在伤员下颌角，向上或向后方提起下颌；头保持正中位，不能使头后仰，不可左右扭动，适用于怀疑颈椎外伤的伤员。

④手钩异物。

如伤员无意识，救护人员用一只手的拇指和其他四指，握住伤员舌和下颌后掰开伤员嘴并上提下颌；救护人员另一只手的食指沿伤员口角内插入，用钩取动作，抠出固体异物。

4. 人工呼吸

（1）判断呼吸

检查呼吸：救护人员将伤员气道打开，利用眼看、耳听、皮肤感觉在 5 秒时间内，判断伤员有无呼吸。

侧头用耳听伤员口鼻的呼吸声（一听），用眼看胸部或上腹部随呼吸而上下起伏（二看），用面颊感觉呼吸气流（三感觉）。如果胸廓没有起伏，并且没有气体呼出，伤员即不存在呼吸，这一评估过程不应超过 10 秒。

（2）人工呼吸

救护人员经检查后，判断伤员呼吸停止，应在现场立即给予口对口（口对鼻、口对口鼻）、口对呼吸面罩等人工呼吸救护措施。

5．胸外挤压

（1）检查循环体征

判断心跳（脉搏）：应选大动脉测定脉搏有无搏动。触摸颈动脉，应在 5～10 秒内较迅速地判断伤员有无心跳。

颈动脉：用一只手食指和中指置于颈中部（甲状软骨）中线，手指从颈中线滑向甲状软骨和胸锁乳突肌之间的凹陷，稍加力度触摸到颈动脉的搏动。

肱动脉：肱动脉位于上臂内侧，肘和肩之间，稍加力度检查是否有搏动。

检查颈动脉不可用力压迫，避免刺激颈动脉窦使得迷走神经兴奋反射性地引起心跳停止，并且不可同时触摸双侧颈动脉，以防阻断脑部血液供应。

评估循环体征包括正常的呼吸、咳嗽、运动，对人工呼吸的反应，有以下几点须注意：对无反应、无呼吸伤员提供初始呼吸；救护人员侧头用耳靠近伤员的口、鼻，看、听、感觉有无呼吸或咳嗽；快速掌握伤员任何的运动体征；如果伤员没有呼吸、咳嗽、运动，应立即开始胸外心脏按压。

（2）人工循环

救护人员判断伤员已无脉搏搏动，或在危急中不能判明心跳是否停止，脉搏也摸不清，不要反复检查耽误时间，而要在现场进行胸外心脏按压等人工循环及时救护。

6．紧急止血

救护人员要注意检查伤员有无严重出血的伤口，如有出血，要立即采取止血救护措施，避免因大出血造成休克而死亡。

7．局部检查

对于同一伤员，第一步是处理危及生命的全身症状，再注意处理局部。要从头部、颈部、胸部、腹部、背部、骨盆、四肢各部位进行检查，检查出血的部位和程度、骨折部位和程度、渗血、脏器脱出和皮肤感觉丧失等。首批进入现场的医护人员应对灾害事故伤员及时作出分类，做好运送前医疗处置，指定运送，救护人员可协助运送，使伤员在最短时间内能获得必要治疗。而且在运送途中要保证对危重伤员进行不间断的抢救。

对危重灾害事故伤员尽快送往医院救治，对某些特殊事故伤害的伤员应送往专科医院。

第三节　化学事故应急救援预案

预案中一般首先应对可能发生的化学事故进行预测，其内容主要包括危险源的位置、源强、性质，事故可能影响的范围，危害的可能严重程度。有条件时可将预测的不同危害区的边界标定在地图上。

一、确定出动规模

由于化学事故的性质不同，事故的严重程度和危害范围不同，因此需要投入的应急救援力量的性质和数量也各不相同。在确定应急救援力量的出动规模时，要根据事故现场确定的化学事故的情况和本地区现有的人员、器材和装备种类和数量，来确定应投入应急救援力量的性质、数量及力量编程。力量编程中不仅包括各应急救援专业组织之间的编程，而且要指明每个应急救援专业组织应包括的人员、器材装备的种类和数量，及具体的编程方法。

二、任务确定

预案中应设立一个具有权威性的应急组织指挥协调机构——化学事故应急救援指挥部，规定各应急专业组织或重要工作人员的职责，明确在不同条件下，各应急专业组织应担负的具体任务，特别要明确任务性质、任务区的位置、可能的任务量，完成任务的时限及报告的方法。同时，要说明可能与哪些队伍在一地区内完成任务。

三、化学事故的危害形式及处置措施

预案制定中要尽可能对化学事故的危害形式进行设定和采取相应处置措施，一般来说，常见危害形式及处置措施有：当发生气态泄漏时应采取堵漏、关阀断源、停产、水幕隔离等措施；当发生火灾性泄漏时应采取关阀断源、堵漏、停产、围火隔离、针对性灭火等措施；当发生爆炸性泄漏应采取针对性灭火、围火排险等措施；当发生固态、液态泄漏应采取堵漏、关阀断源、围栏封堵、回收消毒等措施。

四、组织指挥

一般地，发生灾害较大的化学事故应成立化学应急救援指挥部，以加强对灾害事故的领导，组织和协调预案中要注明实施救援活动的指挥方式、指挥手段、指挥人员的位置、上级可能派往现场指挥机构的人员名单，以达到上通下达，指挥灵活的效果。

五、防护措施

预案中要明确不同作业区域的人员分别应采取的最低防护等级、防护手段和防护时机，必须强调指出，在某些特定的化学事故或特定的救援组织中，必须采取特殊的安全防护措施，不能盲目蛮干，以减少对参战人员的伤害。

六、现场保护和清理

化学事故的应急处置任务完成后，抢险救援人员应加强灾害事故现场的清扫和保护，除了防止灾害的再次发生，还利于事故的调查。同时，消防抢险救援人员在化学灾害事故的处理中，要采取洗消、回收毒品等有效措施，以防止环境污染和二次灾害发生，在确认现场安全的情况下，应同相关单位及人员搞好现场的交接，方可撤离。

七、应急预案的相关附件

在化学事故应急预案中，应附相应简明图标及记注，以方便指挥，辅助决策。

1. 重点危险目标分布图

图中标明，重点危险目标名称、危险物品的名称和理化性质，源高、源强，生产、加工和储存运输量，单位的状况和薄弱环节。同时，还应注明目标区附近人口密度及分布，有影响的地貌地物，交通、公共设施情况，河流及污水井流向等。

2. 灭火救援指挥分工协调流程图

该流程图主要根据指挥权限和抢险救援工作程序，对参与抢险救援专业小组进行任务明确的分工，以利于指挥部对整个救援工作的全程指挥。

3. 应急力量分布图

该图上应标明主要应急救援专业力量的分布状况，每一位置上的专业队伍性质、人数、装备数量、技术性能、综合应急能力和自身防护能力等。

4. 居民疏散图

在发生灾害情况下，该图上应标明在一定时间范围内，主要道路、桥梁、交叉路口能通过人员和车辆的能力，并标明疏散的路线、人员集中点、安置区的位置等。

第四节　应急救援器材

应急救援设备与资源是开展应急救援工作必不可少的条件。为保证应急工作的有效实施，各应急部门都应制定应急救援装备的配备标准。应急救援装备的配备应根据各自承担的应急救援任务和要求选配。选择装备要根据实用性、功能性、耐用性和安全性，以及客观条件配置。

一、应急救援的装备分类

事故应急救援的装备可分为两大类：基本装备和专用救援装备。

1. 应急救援基本装备

（1）通信装备

目前，我国应急救援所用的通信装备一般分为有线和无线两类，在救援工作中，常采用无线和有线两套装置配合使用。移动电话（手机）和固定电话是通信中常用的工具，由于使用方便，拨打迅速，在社会救援中已成为常用的工具。在近距离的通信联系中，也可使用对讲机。另外，传真机的应用缩短了空间的距离，使救援工作所需要的有关资料能及时传送到事故现场。

（2）交通工具

良好的交通工具是实施快速救援的可靠保证，在应急救援行动中常用汽车和飞机作为主要的运输工具。

我国的救援队伍主要以汽车为交通工具，在远距离的救援行动中，借助民航和铁路运输，在海面、江河水网，救护气艇也是常用的交通工具。另外，任何交通工具，只要对救援工作有利，都能运用，如各种汽车、畜力车，甚至人力车等。

（3）照明装置

重大事故现场情况较为复杂，在实施救援时需要良好的照明。因此，需对救援队伍配备必要的照明工具，有利于救援工作的顺利进行。

照明装置的种类较多，在配备照明工具时除了应考虑照明的亮度外，还应根据事故现场情况，注意其安全性能和可靠性，如工程救援所用的电筒应选择防爆型电筒。

（4）防护装备

有效地保护自己，才能保证救援工作的成效。在事故应急救援行动中，各类救援人员均需配备个人防护装备。个人防护装备可分为防毒面罩、防护服、耳塞和保险带等。在有毒救援的场所，救援指挥人员、医务人员和其他不进入污染区域的救援人员多配备过滤式防毒面具。对于工程、消防和侦检等进入污染区域的救援人员应配备密闭型防毒面罩。目前，常用正压式空气呼吸器。

2. 专用装备

主要指各专业救援队伍所用的专用工具（物品）。在现场紧急情况下，需要使用的大量的应急设备与资源。如果没有足够的设备与物质保障，例如没有消防设备、个人防护设备、清扫泄漏物的设备或是设备选择不当，即使是受过很好的训练的应急队员面对灾害也无能为力。随着科技的进步，现在有不少新型的专用装备出现，如消防机器人、电子听漏仪等。

各专业救援队在救援装备的配备上，除了本着实用、耐用和安全的原则外，还应及时总结经验，自己动手研制一些简易可行的救援工具。在工程救援方面，一些简易可行的救援工具往往会产生意想不到的较好效果。

侦检装备，应具有快速准确的特点，随着现代电子和计算机技术的发展，产生了不少新型的侦检装备，侦检装备应根据所救援事故的特点来配备。在化工救援中，多采用检测管和专用气体检测仪，优点是快速、安全、操作容易、携带方便，缺点是具有一定的局限性。国外采用专用监测车，除配有取样器、监测仪器外，还装备了计算机处理系统，能及时对水源、空气、土壤等样品就地实行分析处理，及时检测出毒物和毒物的浓度，并计算出扩散范围等救援所需的各种救援数据。在煤矿救援中，多采用瓦斯检测仪等。

医疗急救器械和急救药品的选配应根据需要，有针对性地加以配置。急救药品，特别是特殊、解毒药品的配备，应根据化学毒物的种类备好一定数量的解毒药品。世界卫生组织为应对灾害的卫生救援需要，编制了紧急卫生材料包标准，由两种药物清单和一种临床设备清单组成，还有一本使用说明书，现已被各国当局和救援组织采用。

事故现场必需的常用应急设备与工具有：

①消防设备：输水装置、软管、喷头、自用呼吸器、便携式灭火器等。

②危险物质泄漏控制设备：泄漏控制工具、探测设备、封堵设备、解除封堵设备等。

③个人防护装备：防护服、手套、安全靴、呼吸保护装置等。

④通信联络设备：对讲机、移动电话、电话、传真机、电报等。

⑤医疗支持设备：救护车、担架、夹板、氧气、急救包等。

⑥应急电力设备：主要是备用的发电机。

⑦资料：计算机及有关数据库和软件包、参考书、工艺文件、行动计划、材料清单等。

由于我国各地的经济技术的发展水平和对应急救援重视程度的不同，在应急救援装备的配备上有一定差异。总的来说，大都存在装备不足和装备落后的情况。所以平时须做好现有应急救援装备的保管工作，保证装备处于良好的使用状态，一旦发生事故就能立即投入使用。

二、应急救援器材装备的基本要求

1. 在使用上要方便事故应急救援人员

现在各地的抢险救援器材是百花齐放的模式，但在总体上有一个现象，那就是国外的比国内的要好、要精，例如个人的呼救器，国产的笨重，进口的轻便。国外的抢险器材比较注重以人为本，而国内的却是以实用为主，不太考虑抢险救援人员使用是否方便，例如一套国产的高压法兰堵漏器，在抢险救援人员背戴空气呼吸器、身装重型防化服的基础上再装备它就不太方便。另一方面国产的器材不够先进，如国外有头盔式的热视仪，解放了抢险救援人员的双手，这就是抢险救援器材的发展方向。一名抢险救援人员的腰带上要佩挂腰斧、安全绳、安全钩，加上一盏强光照明灯、方位灯、个人呼救器、手持电台，还有其他的如空气呼吸器、热视仪、气体检测仪之类的器材，不要说去救人了，本身的动作就成问题。要求国产抢险救援人员的战斗服向国外学习，设计的像救助服一样，在大腿外侧设置口袋，至少可以放下两个安全钩和一盏强光照明灯，行动也就方便一些了。

2. 破拆起重器材要贴近实战的需要

在各式各样的抢险救援中，特别是在处置交通事故中，破拆器材是使用率最高的，但是依然存在许多不足之处。例如，在 2007 年 3 月 4 日，广汕公路李白坳路段发生了一起客车翻车的交通事故，特勤一中队到达现场后，先后使用液压撑、机动砂轮锯等破拆工具进行抢险救援，但是车厢内结构复杂，液压撑的扩张范围有限，扩张距离只有 70 厘米，同时车厢已完全翻转，战斗员在车厢外用砂轮锯切割开了一个洞口钻进去，但液压撑又被车厢内空间所限制，同时缺乏起重器材，虽然最终人员被解救出来，但是所用的时间太长。如果车厢内部缺乏针对性的器材，在一些交通事故中，司机被方向盘操纵轴夹住时，方法更是有限，方向盘操纵轴的直径粗，又是实心钢，用液压剪根本没有效果，用锯也不合适，同时还担心锯到伤员，用液压撑则位置有限。这样就对破拆器材提出如下要求。

体积不要太大，要求能够在车厢内使用，例如双向异动切割锯，其切割能力强，但是受到了活动空间的限制。

要求能够有强有力的破拆能力，例如液压撑的破拆力强，可是范围有限对大型的破拆就力不从心了。

最好能够不怕水浸，当然这一点在现有的气动破拆枪上体现出来了，但是气动破拆枪的力度不够大。这使得我们要求破拆器材要具有更加强大的破拆能力，同时要方便使用。

3. 各种堵漏、输转器材还有待完善

对现有的堵漏器材来说，基本上采用的是德国费特尔产品和鹏程厂出产的国产高温高压堵漏器，相比之下，德国费特尔的好用些。例如费特尔的 1.5Bar 外封式堵漏袋在对油罐车或油槽车的堵漏中要比鹏程厂的好用得多。从器材上来说，费特尔用拉力延伸带，抢险救援人员在背戴空气呼吸器、身着重型防化服的情况下，只要将延伸带穿插进棘爪就可以绷紧了。而换成国产的，用的是细小的钢丝绳，就没有考虑到抢险救援人员在背戴空气呼吸器、身着重型防化服后很难在现场的环境下去穿插一堆钢丝；至少目前为止还没有见到有国产的下水道堵漏器材出现，这就说明了堵漏器材上有待提高。对输转器材来说，笨重是一个主要问题，试想，在一个泄漏或化工事故现场，六七名消防员抬着一台输转泵像蜗牛一样，如何体现出战斗力。出来后又面对着危险化学物品，又无配套的处置器材与装备，这个问题同样困扰着抢险救援人员。

4. 侦检器材要实用简易化，精益求精

我国现行的侦检器材中，只要高新一些的几乎都是进口货居多，广泛使用的德尔格气体检测仪、测爆仪、生命探测仪等多种先进的侦检器材，都是国外进口的。国产侦检器材避开价格不谈，实用上也存在着一定限制，这是一个总体上的局限性。毕竟一名抢险救援人员在抢险救援时有可能因为抢险救援的器材不好用或不好放而干脆放弃不用，这是许多抢险救援人员的无奈，当发生化工泄漏时，抢险救援人员身上背着空气呼吸器，穿上防化服，再拎着各种各样的堵漏工具，还有一些附带的器材进行抢险救援，他的承受能力还剩下多少？因此，消防抢险救援器材必须向"以人为本"的模式去发展，尽可能地解放抢险救援人员的双手和腰带，无论是着装还是器材都要进一步改进。

本章练习

1. 任何年龄的外伤或呼吸暂停患者，打电话呼救前接受（　　）的心肺复苏是非常必要的。

A. 1 分钟　　　　　B. 2 分钟　　　　　C. 3 分钟　　　　　D. 4 分钟

【答案】A

【解析】任何年龄的外伤或呼吸暂停患者，打电话呼救前接受 1 分钟的心肺复苏是非常必要的。故选 A。

2. 救护人员需要首先确认并立即处理威胁生命的情况，检查伤员的（　　）等。

A. 身份　　　　　　　　　　　　B. 意识

C. 气道　　　　　　　　　　　　D. 呼吸

E. 循环体征

【答案】BCDE

【解析】在现场巡视后进行对伤员的最初评估。发现伤员后，尤其是处在情况复杂的现场时，救护人员需要首先确认并立即处理威胁生命的情况，检查伤员的意识、气道、呼吸、循环体征等。

3. 在现场抢救的过程中，下列不属于现场救护原则的是（　　）。

A. 先救命后治伤　　　　　　　　B. 先重伤后轻伤

C. 先抢后救　　　　　　　　　　D. 先救后抢

【答案】D

【解析】现场救护原则是先救命后治伤，先重伤后轻伤，先抢后救，抢中有救，尽快脱离事故现场，先分类再运送，医护人员以救为主，其他人员以抢为主，各负其责，相互配合，以免延误抢救时机。故选 D。

4. 下列属于应急救援器材装备的基本要求的有（　　）。

A. 在使用上要方便事故应急救援人员

B. 破拆起重器材要贴近实战的需要

C. 各种堵漏、输转器材还有待完善

D. 侦检器材要实用简易化，精益求精

E. 应急救援器材装备理论上的可行性胜于实战的需要

【答案】ABCD

【解析】应急救援器材装备的基本要求包括：（1）在使用上要方便事故应急救援人员；（2）破拆起重器材要贴近实战的需要；（3）各种堵漏、输转器材还有待完善；（4）侦检器材要实用简易化，精益求精。

5. 判断心跳（脉搏）应选大动脉测定脉搏有无搏动。触摸颈动脉，应在（　　）秒内较迅速地判断伤员有无心跳。

A. 3～5　　　　　B. 10～15　　　　　C. 5～10　　　　　D. 15～20

【答案】C

【解析】检查循环体征：判断心跳（脉搏）应选大动脉测定脉搏有无搏动。触摸颈动脉，应在 5～10 秒内较迅速地判断伤员有无心跳。

第八章 消防安全技术

运用化工安全相关技术和标准，掌握灭火剂类型、工作原理、适用对象；掌握化工企业消防器材和设施配备要求，以及使用和维护要求。

第一节 灭火剂类型与工作原理

一、灭火器与灭火剂

灭火器，又称灭火筒，是一种可携式灭火工具。灭火器内藏化学物品，用以灭火。灭火器是常见的防火设施之一，存放在公众场所或可能发生火灾的地方。因为其设计简单可携，一般人亦能使用，来扑灭刚发生的小火。不同种类的灭火筒内藏的成分不一样，是专为不同的火灾而设。使用时必须注意，以免产生反效果及引起危险。任何家庭或办公室都必须配备灭火器。虽然灭火器很可能经年在墙壁上不断积累灰尘，但某一天，它可能挽救人们的财产甚至生命。

灭火剂能够有效地破坏燃烧条件，中止燃烧。灭火剂的性能各不相同，只有正确地使用到不同的灭火战斗中去，才能迅速扑灭火灾。

1. 灭火剂分类

（1）水

水是自然界中分布最广、最廉价的灭火剂。由于水具有较高的比热（4.186J/g·℃）和气化潜热（2260J/g），因此，在灭火中其冷却作用十分明显，主要依靠冷却和窒息作用进行灭火。水的主要缺点是产生水渍损失和造成污染，不能用于带电设备火灾的扑救。

（2）泡沫灭火剂

泡沫灭火剂是通过其与水混溶、采用机械或化学反应的方法产生泡沫的灭火剂。一般由化学物质、水解蛋白或由表面活性剂和其他添加剂的水溶液组成。泡沫灭火剂的灭火机理主要是冷却、窒息作用，即在着火的燃烧物表面形成一个连续的泡沫层，通过泡沫本身和所析出的混合液对燃烧物表面进行冷却，以及通过泡沫层的覆盖作用使燃烧物与氧气隔绝而灭火。泡沫灭火剂的主要缺点是水渍损失和污染，不能用于带电火灾的扑救。主要的泡沫灭火剂有：蛋白泡沫灭火剂、氟蛋白泡沫灭火剂、轻水泡沫灭火剂、抗溶性泡沫灭火剂和高倍数泡沫灭火剂。按发泡倍数泡沫灭火剂分为三种：发泡倍数在20倍以下的称为低倍数泡沫灭火剂；在21～200倍之间的称为中倍数泡沫灭火剂；在201～1000倍之间的称为高倍数泡沫灭火剂。

（3）干粉灭火剂

干粉灭火剂是一种易于流动的微细固体粉末，由具有灭火效能的无机盐和少量的添加剂经干燥、粉碎、混合而成微细固体粉末。其主要依靠化学抑制和窒息作用灭火。除扑救金属火灾的专用干粉灭火剂外，常用干粉灭火剂一般分为 BC 干粉灭火剂和 ABC 干粉灭火剂两大类，如碳酸氢钠干粉、改性钠盐干粉、磷酸二氢铵干粉、磷酸氢二铵干粉等。干粉灭火剂主要通过在加压气体的作用下喷出的粉雾与火焰接触、混合时发生的物理、化学作用灭火。一是靠干粉中的无机盐的挥发性分解物与燃烧过程中燃烧物质所产生的自由基发生化学抑制和负化学催化作用，使燃烧的链式反应中断而灭火；二是靠干粉的粉末落到可燃物表面上，发生化学反应，并在高温作用下形成一层覆盖层，从而隔绝氧气窒息灭火。干粉灭火剂的主要缺点是对精密仪器火灾易造成污染。

（4）二氧化碳

二氧化碳是一种气体灭火剂，在自然界中存在也较为广泛，价格低、获取容易。现在国内二氧化碳灭火剂是在灭火器和灭火系统中使用量都较大的气体灭火剂。其灭火主要依靠窒息作用和部分冷却作用。灭火时，二氧化碳气体可以排除空气而包围在燃烧物体的表面或分布于较密闭的空间中，降低可燃物周围或防护空间内的氧气浓度，产生窒息作用而灭火。同时，二氧化碳从存储容器中喷出时，会迅速气化成气体，从周围吸收热量起到冷却的作用。主要缺点是灭火需要的二氧化碳浓度高，会使人员受到窒息毒害。

（5）气溶胶灭火剂

气溶胶灭火剂主要有热气溶胶和冷气溶胶两类。热气溶胶是由固体组合物燃烧生成的凝集型气溶胶。事实上，热气溶胶灭火剂是一种由气溶胶灭火剂发生剂在使用场所现场"制造"的灭火剂。而气溶胶灭火剂发生剂一般由氧化剂、还原剂、性能添加剂和黏合剂组成。主要有 K 型气溶胶灭火剂发生剂和 S 型气溶胶灭火剂发生剂两种类型。气溶胶灭火剂的固体产物中主要成分是金属盐类、金属氧化物，其本身是不能够灭火的，它是通过自身氧化还原的燃烧反应之后的产物水蒸气、CO_2、N_2 等来进行灭火，也就是说它们主要以化学抑制为主、物理的降温冷却为辅来进行灭火。

气溶胶灭火剂的灭火效率高，综合费用低，安全性能好，无毒性，对环境友好，它所选择的原材料大都是价格低廉且容易得到的，成本较低，灭火时几乎可以像气体一样绕过障碍物以全淹没的方式来进行灭火，在火灾空间能够停留较长时间。但气溶胶发生剂的释放过程实质是氧化还原的燃烧反应，会有高温火焰产生；在有大风的情况下，气溶胶灭火剂会很容易被吹散。当然最主要的问题还是燃烧反应所产生的高温，另外，气溶胶灭火剂的腐烛性严重。由于气溶胶灭火剂在喷射时几乎没有能见度，严重影响火场救生和逃逸，在有人员存在的场所不能选用此类灭火剂。

冷气溶胶灭火剂是利用机械或高压气流将固体或液体超细灭火微粒分散于气体中而形成的灭火气溶胶。目前应用于冷气溶胶灭火剂中的灭火微粒均是由物理分散或化学分散法制成的。冷气溶胶克服了热气溶胶的不安全因素，其灭火机理与热气溶胶雷同。关键技术在于超细粉末的制备，防潮结块和气体驱动装置。

2. 灭火剂毒性

二氟一氯一溴甲烷：常温略带芳香味道，有毒性，使用后必须通风以防中毒或窒息。

三氟一溴甲烷：常温略带芳香味道，有毒性，使用后必须通风以防中毒或窒息。

四氟二溴乙烷：常温略带芳香味道，遇热高温有毒，使用时必须带好防毒面具。

二氟二溴甲烷：常温略带芳香味道，有毒性，使用后必须通风以防中毒或窒息。

HFC－227ea：常温无色无味，没有毒性，使用后无须通风。

二氧化碳：常温无毒无味，气体有窒息性，使用后必须通风以防窒息。

四氯化碳：常温略带甜味，遇明火有毒性，使用后必须通风以防窒息。

干粉（$NaHCO_3$）：常温无毒无味，灭火时易刺激呼吸道，使用后必须通风。

干粉（$NH_4H_2PO_4$）：常温无毒无味，灭火时易刺激呼吸道，使用后必须通风。

干粉（$NH_4H_2PO_4+NaHCO_3$）：常温无毒无味，灭火时易刺激呼吸道，使用后必须通风。

■ 典型例题 ■

泡沫灭火剂按发泡倍数分为低倍数、中倍数和高倍数泡沫灭火剂。高倍数泡沫灭火剂的发泡倍数为（　　）。

A. 101～1000 倍 　　　　　　　　　　B. 201～1000 倍

C. 301～1000 倍 　　　　　　　　　　D. 401～1000 倍

【答案】B

【解析】按发泡倍数泡沫灭火剂分为三种：发泡倍数在 20 倍以下的称为低倍数泡沫灭火剂；在 21～200 倍之间的称为中倍数泡沫灭火剂；在 201～1000 倍之间的称为高倍数泡沫灭火剂。故选 B。

第二节　灭火剂的工作原理与适用对象

一、不同类型灭火剂的工作原理

1. 泡沫灭火剂

主要成分：硫酸铝溶液（$Al_2(SO_4)_3$）、碳酸氢钠溶液（$NaHCO_3$）

灭火原理：两种溶液混合在一起，就会产生大量的二氧化碳气体。在燃烧物表面形成的泡沫覆盖层，使燃烧物表面与空气隔绝，起到窒息灭火的作用。由于泡沫层能阻止燃烧区的热量作用于燃烧物质的表面，因此，可防止可燃物本身和附近可燃物的蒸发。泡沫析出的水对燃烧物表面进行冷却，泡沫受热蒸发产生的水蒸气可以降低燃烧物附近的氧气浓度。化学反应式为：

双水解反应

$$Al_2(SO_4)_3+6NaHCO_3=2Al(OH)_3（沉淀）+6CO_2（气体）+3Na_2SO_4$$

适合火灾类型：适用于扑救木材、棉、麻、纸张等火灾，也能扑救石油制品、油脂等火灾。但不能扑救水溶性可燃、易燃液体的火灾，如醇、酯、醚、酮等物质的火灾。存放应选择干燥、阴凉、通风并取用方便之处，不可靠近高温或可能受到曝晒的地方，以防止碳酸分解而失效，冬季要采取防冻措施，以防止冻结，并应经常擦除灰尘。

2. 干粉灭火剂

主要成分：有灭火效能的无机盐和少量的添加剂的微细固体粉末。分为 BC 干粉灭火剂和 ABC 干粉两大类。如碳酸氢钠干粉、改性钠盐干粉、钾盐干粉、磷酸二氢铵干粉、磷酸氢二铵干粉、磷酸干粉和氨基干粉灭火剂。

灭火原理：主要通过在加压气体作用下喷出的粉雾与火焰接触灭火。一是消除燃烧物产生的活性游离子，使燃烧的连锁反应中断，二是干粉遇到高温分解时吸收大量的热，并放出蒸气和二氧化碳以达到冷却和稀释燃烧区空气中氧气的作用。

适合火灾类型：适用于扑救可燃液体、气体、电气火灾以及不宜用水扑救的火灾。ABC干粉灭火器可以扑救带电物质火灾。

3. 二氧化碳灭火剂

主要成分：二氧化碳（CO_2）

灭火原理：当燃烧区二氧化碳在空气的含量达到 $30\%\sim50\%$ 时，能使燃烧中止，有窒息作用；同时，二氧化碳在喷射灭火过程中吸收一定的热能，也就有一定的冷却作用。

适合火灾类型：适用于扑救 600 伏以下电气设备、精密仪器、图书、档案的火灾，以及范围不大的油类、气体和一些不能用水扑救的物质的火灾。

4. 1211 灭火器

主要成分：二氟一氯一溴甲烷（CF_2ClBr）

灭火原理：一种卤代烷灭火剂，以液态罐装在钢瓶内，主要是抑制燃烧的连锁反应，中止燃烧。同时，兼有一定的冷却和窒息作用。

适合火灾类型：（1）甲烷、乙烷、丙烷、煤气、天然气等可燃气体的火灾；（2）液态烃类、醇、醛、酮、醚、苯类等甲乙丙类液体的火灾；（3）纸张、木材、织物的初期火灾，塑料、橡胶等可燃固体的火灾；（4）变压器、发电机、电动机、电配电设备等的电气火灾。尤其适用于扑救精密仪表、计算机、珍贵文物以及贵重物资仓库的火灾，也能扑救飞机、汽车、轮船、宾馆等场所的初期火灾。

■ 典型例题 ■

灭火器由筒体、器头、喷雾等部件组成，借助驱动压力可将所充装的灭火剂喷出。灭火器结构简单，操作方便，轻便灵活，使用面广，是扑救初期火灾的重要消防器材。下列灭火器中，适用于扑救精密仪器仪表初期火灾的是（　　）。

A. 二氧化碳灭火器　　　　　　　B. 泡沫灭火器

C. 酸碱灭火器　　　　　　　　　D. 干粉灭火器

【答案】A

【解析】由于二氧化碳不含水、不导电、无腐蚀性，对绝大多数物质无破坏作用，可以用来扑灭精密仪器和一般电气火灾。它还适于扑救可燃液体和固体火灾，特别是那些不能用水灭火以及受到水、泡沫、干粉等灭火剂的玷污容易损坏的固体物质火灾。

第三节　化工消防器材与配备要求

由于化工企业生产、加工、储存的化工原料、化工产品本身具有高度的易燃易爆性、易腐蚀性和有毒性，一旦发生火灾或泄漏事故，常伴随爆炸、复燃复爆，立体、大面积、多火点等形式的燃烧。不但导致生产停顿、设备损坏，而且会造成重大人员伤亡和难以挽回的影响。所以必须配备消防器材。

一、常见灭火器材

适用范围：碳酸氢钠干粉灭火器适用于易燃、可燃液体、气体及带电设备的初期火灾；磷酸铵盐干粉灭火器除可用于上述几类火灾外，还可扑救固体类物质的初期火灾，但都不能扑救金属燃烧火灾。

1.干粉灭火器扑救可燃、易燃液体火灾时，应对准火焰要部扫射，如果被扑救的液体火灾呈流淌燃烧时，应对准火焰根部由近而远，并左右扫射，直至把火焰全部扑灭。如果可燃液体在容器内燃烧，使用者应对准火焰根部左右晃动扫射，使喷射出的干粉流覆盖整个容器开口表面；当火焰被赶出容器时，使用者仍应继续喷射，直至将火焰全部扑灭。在扑救容器内可燃液体火灾时，应注意不能将喷嘴直接对准液面喷射，防止喷流的冲击力使可燃液体溅出而扩大火势，造成灭火困难。如果当可燃液体在金属容器中燃烧时间过长，容器的壁温已高于扑救可燃液体的自燃点，此时极易造成灭火后再复燃的现象，若与泡沫类灭火器联用，则灭火效果更佳。

使用方法：灭火时，可手提或肩扛灭火器快速奔赴火场，在距燃烧处5米左右，放下灭火器。如在室外，应选择在上风方向喷射。使用的干粉灭火器若是外挂式储压式的，操作者应一手紧握喷枪，另一手提起储气瓶上的开启提环。如果储气瓶的开启是手轮式的，则向逆时针方向旋开，并旋到最高位置，随即提起灭火器。当干粉喷出后，迅速对准火焰的根部扫射。使用的干粉灭火器若是内置式储气瓶的或者是储压式的，操作者应先将开启压把上的保险销拔下，然后握住喷射软管前端喷嘴部，另一只手将开启压把压下，打开灭火器进行灭火。有喷射软管的灭火器或储压式灭火器在使用时，一手应始终压下压把，不能放开，否则会中断喷射。

使用注意事项：使用磷酸铵盐干粉灭火器扑救固体可燃物火灾时，应对准燃烧最猛烈处喷射，并上下、左右扫射。如条件许可，使用者可提着灭火器沿着燃烧物的四周边走边喷，使干粉灭火剂均匀地喷在燃烧物的表面，直至将火焰全部扑灭。

推车式干粉灭火器的使用方法与手提式干粉灭火器的使用相同。

2.泡沫灭火器

适用范围：适用于扑救一般B类火灾，如油制品、油脂等火灾，也可适用于A类火灾，但不能扑救B类火灾中的水溶性可燃、易燃液体的火灾，如醇、酯、醚、酮等物质火灾，也不能扑救带电设备及C类和D类火灾。

（1）手提式泡沫灭火器

使用方法：可手提筒体上部的提环，迅速奔赴火场。这时应注意不得使灭火器过分倾斜，更不可横拿或颠倒，以免两种药剂混合而提前喷出。当距离着火点10米左右时，即可将筒体颠倒过来，一只手紧握提环，另一只手扶住筒体的底圈，将射流对准燃烧物。在扑救可燃液体火灾时，如已呈流淌状燃烧，则将泡沫由远而近喷射，使泡沫完全覆盖在燃烧液面上；如在容器内燃烧，应将泡沫射向容器的内壁，使泡沫沿着内壁流淌，逐步覆盖着火液面。切忌直接对准液面喷射，以免由于射流的冲击，反而将燃烧的液体冲散或冲出容器，扩大燃烧范围。在扑救固体物质火灾时，应将射流对准燃烧最猛烈处。灭火时随着有效喷射距离的缩短，使用者应逐渐向燃烧区靠近，并始终将泡沫喷在燃烧物上，直到扑灭。使用时，灭火器应始终保持倒置状态，否则会中断喷射。

手提式泡沫灭火器的存放应选择干燥、阴凉、通风并取用方便之处，不可靠近高温或可能受到曝晒的地方，以防止碳酸分解而失效；冬季要采取防冻措施，以防止冻结；并应经常擦除灰尘、疏通喷嘴，使之保持通畅。

（2）推车式泡沫灭火器

其适用的火灾与手提式泡沫灭火器相同。

推车式使用方法：使用时，一般由两人操作，先将灭火器迅速推拉到火场，在距离着火点10米左右处停下，由一人施放喷射软管后，双手紧握喷枪并对准燃烧处；另一人先逆时针方向转动手轮，将螺杆升到最高位置，使瓶盖开足，然后将筒体向后倾倒，使拉杆触地，并将阀门手柄旋转90度，即可喷射泡沫进行灭火。如阀门装在喷枪处，则由负责操作喷枪者打开阀门。

推车式泡沫灭火器适用的火灾和使用方法与手提式泡沫灭火器相同。

3. 二氧化碳灭火器

适用范围：二氧化碳灭火器主要用于扑救贵重设备、档案资料、仪器仪表、600伏以下电气设备及油类的初期火灾。在使用时，应首先将灭火器提到起火地点，放下灭火器，拔出保险销，一只手握住喇叭筒根部的手柄，另一只手紧握启闭阀的压把。对没有喷射软管的二氧化碳灭火器，应把喇叭筒往上扳70～90度。使用时，不能直接用手抓住喇叭筒外壁或金属连接管，防止手被冻伤。在使用二氧化碳灭火器时，在室外使用的，应选择上风方向喷射；在室内窄小空间使用的，灭火后操作者应迅速离开，以防窒息。

使用方法：灭火时只要将灭火器提到或扛到火场，在距燃烧物5米左右，拔出灭火器保险销，一手握住喇叭筒根部的手柄，另一只手紧握启闭阀的压把。对没有喷射软管的二氧化碳灭火器，应把喇叭筒往上扳70～90度。使用时，不能直接用手抓住喇叭筒外壁或金属连线管，防止手被冻伤。灭火时，当可燃液体呈流淌状燃烧时，使用者将二氧化碳灭火剂的喷流由近而远向火焰喷射。如果可燃液体在容器内燃烧时，使用者应将喇叭筒提起，从容器的一侧上部向燃烧的容器中喷射。但不能将二氧化碳射流直接冲击可燃液面，以防止将可燃液体冲出容器而扩大火势，造成灭火困难。

注意事项：使用二氧化碳灭火器时，在室外使用的，应选择在上风方向喷射，并且手要放在钢瓶的木柄上，防止冻伤；在室内窄小空间使用的，灭火后操作者应迅速离开，以防窒息。

其他：推车式二氧化碳灭火器一般由两人操作，使用时两人一起将灭火器推或拉到燃烧处，在离燃烧物10米左右停下，一人快速取下喇叭筒并展开喷射软管后，握住喇叭筒根部的手柄，另一人快速按逆时针方向旋动手轮，并开到最大位置。灭火方法与手提式的方法一样。

4. 简易式灭火器

（1）手提式：使用时，应将手提灭火器手提或肩扛到火场。在距燃烧处5米左右，放下灭火器，先拔出保险销，一手握住开启压把，另一手握在喷射软管前端的喷嘴处。如灭火器无喷射软管，可一手握住开启压把，另一手扶住灭火器底部的底圈部分。先将喷嘴对准燃烧处，用力握紧开启压把，使灭火器喷射。当被扑救可燃烧液体呈现流淌状燃烧时，使用者应对准火焰根部由近而远并左右扫射，向前快速推进，直至火焰全部扑灭。如果可燃液体在容器中燃烧，应对准火焰左右晃动扫射，当火焰被赶出容器时，喷射流跟着火焰扫射，直至把火焰全部扑灭。但应注意不能将喷流直接喷射在燃烧液面上，防止灭火剂的冲力将可燃液体冲出容器而扩大火势，造成灭火困难。如果扑救可燃性固体物质的初期火灾时，将喷流对准燃烧最猛烈处喷射，当火焰被扑灭后，应及时采取措施，不让其复燃。1211灭火器使用时不能颠倒，也不能横卧，否则灭火剂不会喷出。另外，在室外使用时，应选择在上风方向喷射；在窄小的室内灭火时，灭火后操作者应迅速撤离，因1211灭火剂也有一定的毒性，以防对人体产生伤害。

（2）推车式：灭火时一般由两人操作，先将灭火器推或拉到火场，在距燃烧处10米左右停下，一人快速放开喷射软管，紧握喷枪，对准燃烧处；另一人则快速打开灭火器阀门。灭火方法与手提式1211灭火器相同。

二、化工企业消防设施布置

石油化工企业的生产特殊性是其消防工作是非常严格的。除了搭建一切完备的消防器材，最重要的还需要其他的消防技术设施，如消防站、消防给水设施。无论是消防器材还是消防站、消防给水设施，其设置的合理与否，完善与否，将直接影响石油化工企业的安全。第一，消防站的安全设置。消防站在石油化工企业中的布置，应根据企业生产的火灾危险性、消防给水设施、防火设施情况全面考虑，合理布置。为发挥火场供水力量和灭火力量的战斗力，减少灭火损失，宜采用"多布点，布小点"的原则，将消防力量分设于各个保卫重点区域，以便及时地扑灭初期火灾。第二，消防给水设施布置。消防给水设施是一项重要的消防技术。主要从三个方面来布置：消防水源、消防水压、消防用水量。其中，石油化工企业的消防水源，可采用天然水源和消防给水管道水。而石油化工企业消防水压由内供水可采用高压、临时高压或低压消防给水系统，一般从经济、技术、安全三方面考虑，综合确定。室外消防用水量，应按同一时间内火灾的发生次数与一次火灾用水量的乘积计算。像石油化工企业这样比较特殊的地方，都必须架设独立的消防设施。若临近有较强大的移动消防供水力量和泡沫灭火力量，并在发生火灾后 10 分钟内能到达装置区出水或 20 分钟内到达罐区泡沫灭火，可考虑利用临近的消防力量进行协同作战的可能性。但必须是临近消防站具有扑灭该区火灾的消防力量，同时经过公安部门同意，并建立协作组织机构及制定配合作战的技术措施。为保障企业以及人身安全，石油化工企业一定要布置完备的消防器材以及消防设施。同时，企业应严格规定员工安全操作注意事项，加强监督，保证安全。

■ 典型例题 ■

使用二氧化碳灭火器灭火时，只要将灭火器提到或扛到火场，在距燃烧物（　　）左右，拔出灭火器保险销，一手握住喇叭筒根部的手柄，另一只手紧握启闭阀的压把。

A. 3 米　　　　　　B. 4 米　　　　　　C. 5 米　　　　　　D. 6 米

【答案】C

【解析】使用方法：灭火时只要将灭火器提到或扛到火场，在距燃烧物 5 米左右，拔出灭火器保险销，一手握住喇叭筒根部的手柄，另一只手紧握启闭阀的压把。对没有喷射软管的二氧化碳灭火器，应把喇叭筒往上扳 70～90 度。

第四节　化工企业消防的安全措施和使用维护

一、化工企业消防安全措施与防范对策

如何在发展化工产业的同时尽量降低其可能造成的风险损害，如何做好事故预防工作，以及一旦发生事故应该怎样进行有效应急处置，以减少事故所造成损害，是化工企业面临的异常艰巨而又重要的任务。我们有必要从以下几个方面进行考虑。

1. 加强统筹规划，提升化工企业安全水平。一是组织对该产业发展的宏观研究，调整危化品产业发展政策，加大危化品企业准入的调控力度，限制危险性大或可能造成环境污染的危化品项目进入辖区。二是加大工作力度，及早解决现有企业的安全防护距离问题。一方面在现有的危险化学品生产、储存企业安全防护距离内禁止规划新的人员密集场所；另一方面要加快开展不符合国家规定的安全防护距离企业或居民的搬迁工作，尽早消除重特大事故隐患。

2. 健全监管体系，提高事故应急救援能力。一是进一步加强专业监管机构建设，完善消防安全监督管理制度，充实人员和力量，加强涉及危险化学品管理的相关部门的合理调配力

度，加大执法力度，以改变当前危化品执法力量不足和发展不平衡的现状。二是消防、政府部门应加强跨区合作和整合社会资源，充分利用社会的专业人员和防化资源，加大与危化企业在遇险救助方面的合作，对辖区内化工企业、科研单位和院校、医疗机构及相关管理机构已有的应急处置设施设备进行调查备案。三是针对危化品事故应急救援力量不足的问题，在生产规模大、专业技术力量强、危险性大的企业加强专兼职消防队伍的建设，企业拨出专门资金用于专兼职消防队的装备、器材、车辆等方面的建设，由专兼职的消防队伍担负本企业危化品事故应急救援任务，并配合公安消防部门，完成危化品事故的应急救援工作。

3. 推行标准化管理，提高企业本质安全。通过推行安全生产标准化，督促企业健全安全生产责任制、安全生产规章制度、安全操作规程和应急救援预案，在制度、设施、标准、人员及管理等诸方面规范生产经营活动；督促企业落实安全生产的主体责任，设立专门的安全管理机构，配备强力的专职管理人员，切实检查整改存在的火灾隐患；督促企业对危险、落后工艺进行改造，更换成先进设备，提升其整体安全水平，从本质上实现生产经营安全。

4. 强化宣传教育培训，增强员工消防素质。利用各种形式加强员工的消防安全培训教育，制定专门的消防安全培训计划，特别是新招聘员工必须进行消防安全岗前培训，合格后方可上岗的制度。强化培训和实际操作，保证员工普遍掌握如何报警、使用消防器材、扑救初期火灾等消防"四个能力"建设，定期开展消防演练，强化突发性事故的应对能力，做到防患于未然，使企业员工总体的消防安全素质和自防自救能力得到有效提升。

二、化工企业消防设施的使用功能与管理维护

1. 加强消防宣传力度，完善消防系统的功能

一些化工企业由于不了解消防设施的功能，误认为消防设施是一种摆设，不愿意花钱购买消防设施，导致化工企业消防系统功能不健全，也达不到国家标准的消防设施要求。对此，企业加强消防宣传力度就显得非常重要。化工企业应加强消防设施重要性的宣传力度，提高消防安全意识，做好消防设施的维护与管理工作，确保消防系统的功能健全、性能良好、质量过关。例如，在安装的过程中，要保证节流装置的安装符合标准，在高层消防系统中，低层的喷洒头和消火栓流量过大，可采用减压孔板或节流管等装置均衡。减压孔板应设置在直径不小于50毫米的水平管段上，孔口直径不应小于安装管段直径的50%，孔板应安装在水流转弯处下游一侧的直管段上，与弯管段的距离不应小于设置管段直径的两倍。

2. 做好消防设施的审核工作

消防设施审核的作用是为了有效确保化工企业消防设施的安装合理、消防设施齐全、消防设施功能健全、消防系统完善，进而提高化工企业自救能力。化工企业消防设施的安装、系统设计都应符合国家消防相关规定。化工企业消防设施的安装与系统设计，应委托专门的消防设计企业，避免化工企业消防设施安装与系统设计存在性能与安装不合理等问题。

3. 建立完善的消防设施管理体系

化工企业在安装消防设施之后，须要经过当地消防部门的验收，消防部门验收合格之后才可以使用。对此，化工企业应培养一名或者几名专业的消防技术人员，专门负责化工企业消防设施的检查、维护与维修工作，逐渐完善化工企业消防系统的管理体系。化工企业工作人员与管理人员应具备较强的消防安全意识与工作责任心，并加强消防设施使用方法与功能的培训，熟悉与掌握消防设施的操作与功能，对简单的消防设施故障问题，也要懂一些处理方法与相关知识。此外，化工企业还应完善消防设施与系统的检查制度，定期对消防设施与系统进行检查

与维修，进而有利于化工企业及时发现故障问题，并解决故障问题。化工企业消防设施的定期检查包括以下几个方面：

要求化工企业每天对消防设施进行检查，检查内容包括消防设施的自检、消音、备电、系统运行是否正常等，并对检查的结果做好消防日记记录，有利于化工企业消防设施管理的交接班。

化工企业需要对老化、磨损、脱落的消防设施进行每周或者每月检查，并用检测仪器查看系统是否正常运行，对消防设施表面的灰尘、杂物进行清理。

化工企业每半年需要进行火灾模拟试验，检验消防设施与系统的性能是否灵敏，功能是否齐全，并对试验结果进行记录。

化工企业消防设施与系统应用两年以后，需要委托专业的消防单位对消防设施进行检测、清洗，检测后功能与性能符合标准的才可以继续使用。且检测结果记录需存档。消防设施存档内容包括消防设施日常的检查记录、消防系统运行情况、维修情况等。

化工企业的消防设施直接影响着化工企业的正常生产运行与社会的稳定发展。对此，化工企业以及政府部门都应重视消防设施，并采取一定的方法，加强消防设施的监督与管理力度。与此同时，化工企业还应加强管理人员与相关工作人员消防安全意识，有效降低化工企业存在的消防安全隐患问题。

本章练习

1. 二氧化碳灭火器是利用其内部充装的液态二氧化碳的蒸气压将二氧化碳喷出灭火的一种灭火器具。二氧化碳灭火器的作用机理是利用降低氧气含量，造成燃烧区域缺氧而灭火。下列关于二氧化碳灭火器的说法中，正确的是（　　）。

A. 1千克二氧化碳液体可在常温常压下生成1000升左右的气体，足以使1立方米空间范围内的火焰熄灭

B. 使用二氧化碳灭火器灭火，氧气含量低于15％时燃烧终止

C. 二氧化碳灭火器适宜于扑救600伏以下的带电电器火灾

D. 二氧化碳灭火器对硝酸盐等氧化剂火灾的扑灭效果好

【答案】C

【解析】二氧化碳灭火器是利用其内部充装的液态二氧化碳的蒸气压将二氧化碳喷出灭火的一种灭火器具，其利用降低氧气含量，造成燃烧区窒息而灭火。一般当氧气的含量低于12％或二氧化碳浓度达30％～35％时，燃烧中止。1千克的二氧化碳液体，在常温常压下能生成500升左右的气体，这些足以使1立方米空间范围内的火焰熄灭。由于二氧化碳是一种无色的气体，灭火不留痕迹，并有一定的电绝缘性能等特点，二氧化碳灭火器更适宜于扑救600伏以下带电电器、贵重设备、图书档案、精密仪器仪表的初期火灾，以及一般可燃液体的火灾。

2. 干粉灭火剂的主要成分是碳酸氢钠和少量的防潮剂硬脂酸镁及滑石粉等。其灭火的基本原理是（　　）。

A. 窒息作用　　　　　　　　　　　B. 冷却作用
C. 辐射作用　　　　　　　　　　　D. 化学抑制作用

【答案】D

【解析】干粉灭火剂由一种或多种具有灭火能力的细微无机粉末组成，主要包括活性灭火组分、疏水成分、惰性填料，粉末的粒径大小及其分布对灭火效果有很大的影响。窒息、冷

却、辐射及对有焰燃烧的化学抑制作用是干粉灭火效能的集中体现，其中，化学抑制作用是灭火的基本原理，起主要灭火作用。

3. 二氧化碳灭火器是利用其内部充装的液态二氧化碳的蒸气压将二氧化碳喷出灭火的一种灭火器具，其通过降低氧气含量，造成燃烧区窒息而灭火。一般能造成燃烧中止的氧气含量应低于(　　)。

A. 12％　　　　　　B. 14％　　　　　　C. 16％　　　　　　D. 18％

【答案】A

【解析】二氧化碳灭火器是利用其内部充装的液态二氧化碳的蒸气压将二氧化碳喷出灭火的一种灭火器具，其利用降低氧气含量，造成燃烧区窒息而灭火。一般当氧气的含量低于12％或二氧化碳浓度达30％～35％时，燃烧中止。

4. 以气体作为灭火介质的灭火系统称为气体灭火系统。气体灭火系统的使用范围是由气体灭火剂的灭火性质决定的。下列性质中，属于气体灭火剂特性的是(　　)。

A. 污染性　　　　　　　　　　　B. 导电性

C. 蒸发后不留痕迹　　　　　　　D. 腐蚀性

【答案】C

【解析】气体灭火剂应当具有的特性是化学稳定性好、耐储存、腐蚀性小、不导电、毒性低、蒸发后不留痕迹，适用于扑救多种类型火灾。

5. 酸碱灭火器是一种内部装有(　　)的工业硫酸和碳酸氢钠的水溶液作灭火剂的灭火器。

A. 50％　　　　　　B. 55％　　　　　　C. 60％　　　　　　D. 65％

【答案】D

【解析】酸碱灭火器是一种内部分别装有65％的工业硫酸和碳酸氢钠水溶液的灭火器。故选D。

6. 适宜于扑救600伏以下带电电器、贵重设备、图书档案、精密仪器仪表的初期火灾，以及一般可燃液体的火灾的灭火器是(　　)。

A. 泡沫灭火器　　　　　　　　　B. 干粉剂灭火器

C. 二氧化碳灭火器　　　　　　　D. 卤代烷灭火器

【答案】C

【解析】由于二氧化碳的来源较广，利用隔绝空气后的窒息作用可成功抑制火灾，因此，早期的气体灭火剂主要采用二氧化碳。由于二氧化碳不含水、不导电、无腐蚀性，对绝大多数物质无破坏作用，可以用来扑灭精密仪器和一般电气火灾。

7. 目前在手提式灭火器和固定式灭火系统中，广泛应用的灭火剂是(　　)。

A. 水灭火剂　　　　　　　　　　B. 干冰灭火剂

C. 干粉灭火剂　　　　　　　　　D. 泡沫灭火剂

【答案】C

【解析】干粉灭火剂与水、泡沫、二氧化碳等相比，在灭火速率、灭火面积、等效单位灭火成本效果三个方面有一定优越性，因其灭火速率快，制作工艺过程不复杂，使用温度范围宽广，对环境无特殊要求，以及使用方便，不需外界动力、水源，无毒、无污染、安全等特点，目前在手提式灭火器和固定式灭火系统上得到广泛的应用，是替代哈龙灭火剂的一类理想环保灭火产品。

8. 下列物质发生火灾，可以用水扑灭的有（   ）。

A. 金属钠

B. 电石

C. 带电的电缆

D. 煤炭

E. 木材

【答案】DE

【解析】不能用水扑灭的火灾主要包括：

（1）密度小于水和不溶于水的易燃液体的火灾，如汽油、煤油、柴油等。苯类、醇类、醚类、酮类、酯类及丙烯腈等大容量储罐，如用水扑救，则水会沉在液体下层，被加热后会引起爆沸，形成可燃液体的飞溅和溢流，使火势扩大。

（2）遇水产生燃烧物的火灾，如金属钾、钠、碳化钙等，不能用水，而应用砂土灭火。

（3）硫酸、盐酸和硝酸引发的火灾，不能用水流冲击，因为强大的水流能使酸飞溅，流出后遇可燃物质，有引起爆炸的危险。酸溅在人身上，能灼伤人。

（4）电气火灾未切电源前不能用水扑救，因为水是良导体，容易造成触电。

（5）高温状态下化工设备的火灾不能用水扑救，以防高温设备遇冷水后骤冷，引起形变或爆裂。

9. 化工消防设施中，减压孔板应设置在直径不小于（   ）毫米的水平管段上，孔口直径不应小于安装管段直径的（   ），孔板应安装在水流转弯处下游一侧的直管段上，与弯管段的距离不应小于设置管段直径的两倍。

A. 25；25%　　　　　B. 50；50%　　　　　C. 50；75%　　　　　D. 25；50%

【答案】B

【解析】减压孔板应设置在直径不小于50毫米的水平管段上，孔口直径不应小于安装管段直径的50%，孔板应安装在水流转弯处下游一侧的直管段上，与弯管段的距离不应小于设置管段直径的两倍。故选B。

附　　录

应急管理部办公厅关于印发 2019 年危险化学品油气管道烟花爆竹安全监管和非药品类易制毒化学品监管重点工作安排的通知

应急厅〔2019〕20 号

各省、自治区、直辖市应急管理厅（局），新疆生产建设兵团安全生产监督管理局，有关中央企业：

现将 2019 年危险化学品油气管道烟花爆竹安全监管和非药品类易制毒化学品监管重点工作安排（见附件）印发你们，请按照全国安全生产电视电话会议、全国应急管理工作会议的工作部署和应急管理部 2019 年重点工作安排的要求，结合实际，认真贯彻落实。

2019 年危险化学品油气管道烟花爆竹安全监管和非药品类易制毒化学品监管重点工作安排

一、工作思路

坚持以习近平新时代中国特色社会主义思想为指导，深入学习贯彻习近平总书记有关安全生产和应急管理重要论述，按照党中央、国务院的决策部署和应急管理部党组的工作安排，坚守安全发展的理念，坚持问题导向和目标导向，始终把防控重大风险、防范较大以上事故和有较大社会影响的事故作为首要任务，着力持续通过政府精准严格规范监管执法推动企业落实主体责任，着力深化危险化学品安全综合治理和化工烟花爆竹专项整治，着力加强危险化学品重大危险源、烟花爆竹涉药场所和油气管道高后果区的安全管理，着力风险分级管控和隐患排查治理，强化科技强安和人才促安，强化应急能力提升，强化改革创新，强化社会共治，强化"严细实快恒"作风建设，推动全国安全生产形势持续稳定好转，为新中国成立 70 周年营造良好的安全生产环境。

二、工作目标

全国化工和烟花爆竹事故进一步下降，较大及以上事故进一步减少，努力杜绝重特大事故，重大风险管控水平得到有力提升，危险化学品安全综合治理工作如期完成，危险化学品重点县专家指导服务工作初见成效。

三、重点任务

（一）强化重大风险管控，坚决防范遏制较大以上事故

一是完善责任体系。围绕细化危险化学品重大危险源、油气管道高后果区等重大风险点管控责任，加快构建主体明确、运行高效的责任体系，确保重大风险管控责任清晰，对照清单落实检查管控措施。二是用信息化手段提升风险管控水平。完善实现危险化学品建设项目全过程管理，持续开展危险化学品重大危险源智能在线监控与预警系统建设，利用全国危险化学品生产经营风险"一张图一张表"实施精准管控，加快推进各地区、各部门健全本地区、本行业领域危险化学品风险"一张图一张表"，建立全国危险化学品管道数据库，督促指导有关中央企业、烟花爆竹主产区分别开展油气管道高后果区实时视频监控和烟花爆竹生产重点场所智能化监控预警系统建设。三是严格源头风险管控把关。推动重点地区出台实行危险化学品"禁限控"目录，加快实施危险化学品建设项目多部门联合审批制度，从严实施涉及"三重一高"（重点监管的危险化学品、重点监管的危险化工工艺、重大危险源、油气管道途经人员密集场所高后果区）安全许可及监管，推动高风险项目必须高安全投入，严格安全保障和本质安全要求，严控增量。四是强化重点时段重点地区重点企业风险管控。注重实效，全面启动并认真做好53个危险化学品重点县专家指导服务工作，推动重点县加快提高监管能力与水平。提前谋划部署对新中国成立70周年等国家重大活动期间、夏季高温雷雨和自然灾害多发季节、烟花爆竹生产经营旺季等重点时段、事故多发及长江经济带重点地区和重点企业的风险管控，抓住关键重点、问题本质和整改落实，督促做好重大风险防范工作。五是积极推动重点环节风险管控。更加聚焦聚力，通过提升重大风险点硬件水平、管理能力、人员素质，使安全屏障实时有效，不断提高重点部位安全保障能力。充分利用安委办、安全监管部际联席会议制度平台，支持配合推动有关部门指导各地区深化本行业领域危险化学品风险摸排，强化危险货物运输、危险化学品使用等环节风险管控，严厉打击非法生产经营行为。六是强化应急处置能力提升。强化应急意识，严格值班值守，提高有关突发事件的敏感性预判性，迅速妥善安全地处置突发事件事故，做好舆论引导宣传，及时主动发布权威信息，严防因处置不及时、不当造成衍生事故，防止事故后果扩大升级。

（二）扎实做好危险化学品安全综合治理和化工烟花爆竹专项整治

一是推动如期完成危险化学品安全综合治理。全力推进危险化学品安全综合治理深化提升与总结阶段工作落实，强化考核、通报、督导和约谈，组织召开现场会，加快推动特别管控危险化学品目录出台、风险深入排查、重大危险源管控、监管信息共享平台建设、生产企业搬迁改造、化工园区安全管理一体化等重点难点任务落实，会同有关部门深化危险化学品领域打非治违行动和油气管道环焊缝质量排查整治。二是深入开展化工专项整治。按照国务院领导同志关于深化化工整治的要求，部署开展氯碱行业安全专项提升行动，深入开展氯乙烯等易燃易爆有毒气体风险排查治理、罐区等储存场所管理、动火等特殊作业管控、安全设计诊断、自动化改造、精细化工安全、装卸车安全、化工企业下水管网安全和周边安全、反"三违"等化工专项整治，全面排查并消除隐患。三是不断深化烟花爆竹专项整治。紧盯重大风险，管控薄弱环节，继续深化烟花爆竹分包转包、"三超一改"（超人员、超药量、超范围、改变工房用途）专项整治，深刻吸取近年来多地经营环节发生较大事故的教训，加大经营专项整治力度，坚决根治"下店上宅"问题，会同公安机关严格黑火药、单基药安全管理，指导地方按照《爆竹工程设计指南》和《组合烟花工程设计指南》，严格规范烟花爆竹企业工程设计，加快推动烟花爆

竹企业改造升级。

（三）狠抓监管执法责任落实，推动企业主动自发落实主体责任

坚持把推动企业落实安全生产主体责任作为强化政府监管责任的出发点和落脚点，通过强化政府属地监管责任、行业部门监管责任，不断提升企业履行主体责任的自觉性、主动性。一是严格行政许可。督促地方政府在规划布局、招商引资、支持监管等方面制定具体措施，建立危险化学品企业外部安全防护距离保护机制，严格规划许可源头准入，防止落后、不安全产能落地；督促上海、江苏、浙江、安徽、江西、湖北、湖南、重庆、四川、云南、贵州等 11 个省市严格落实长江经济带发展规划有关要求，加快化工产业转型升级，切实实施好长江经济带发展战略。与有关部门加强沟通，统一认识，更加安全科学地推进油气管道项目建设。稳步推进"放管服"有关改革，聚焦重大风险全过程管控，进一步完善危险化学品安全许可改革方案，做好顶层系统设计。二是强化规范精准高效严格执法。着力查大风险、除大隐患、防大事故，提高执法专业化、规范化、信息化水平，认真执行《化工（危险化学品）重点检查指导目录》《化工和危险化学品生产经营单位重大隐患判定标准》《烟花爆竹生产经营单位重大隐患判定标准》等规定，聚焦危险化学品重大危险源、罐区等储存场所、特殊作业、油气管道高后果区、烟花爆竹涉药场所等重大风险点开展专项检查，鼓励聘请专家予以协助，加大处罚特别是事前处罚力度，解决执法检查"眉毛胡子一把抓"、重点不突出、不严不实问题，通过对高风险企业设施场所实施精准执法检查和失信联合惩戒，抓住要害，打到痛处，加大企业违法成本，提高监管效率效能，警示、督促企业重大风险防控措施有效落地。加大对执法结果的跟踪、分析与应用，推动进一步完善有关法规标准规定，并坚持执法与服务并举，严防简单化、搞"一刀切"。三是加强事故督导查处和教训吸取。坚持上网公开历史上发生的月度典型事故和事故督导警示"四个一律"（亡人事故省级厅局现场督导，较大事故省级厅局召开现场警示会、危化监管司现场督导，重大事故应急管理部召开现场警示会），组织对较大事故和典型事故调查开展"回头看"，督促严肃事故查处，依法严查企业主要负责人、法规制度执行、企业管理链条，针对性地强化薄弱环节风险管控。四是严格企业主要负责人承诺和考核。突出主要负责人落实责任这一关键，深入落实危险化学品企业主要负责人风险研判与承诺公告制度，部署开展第二轮危险化学品企业主要负责人培训，推动实施"逢事故必考、逢许可必考、新任职必考"等常态化考核，并把主要负责人安全生产知识和能力考核不合格及失信企业列为重点执法对象，督促加快提升企业主要负责人法律意识和风险意识。五是推进安全生产标准化建设。以制定、修订、出台危险化学品企业安全生产标准化建设、烟花爆竹企业安全生产标准化评审标准、油气管道企业安全生产标准化规范等规定为契机，进一步推进安全生产标准化与化工过程安全管理、烟花爆竹风险分级管控和隐患排查治理、油气管道完整性管理各要素深入有机融合，部署开展安全生产标准化工作质量复核，对流于表面、质量不高的企业予以降级，推动企业健全安全管理体系。六是强化有关中央企业监管。会同国资委组织对涉及化工生产的中央企业开展监督检查，组织有关新任职中央企业及事故企业主要负责人安全培训，督促中国化工集团等中央企业深刻吸取有关事故教训，落实主体责任，加快提升安全管理水平，做好安全生产排头兵。七是加强非药品类易制毒化学品企业规范化管理。全面开展第一类非药品类易制毒化学品企业规范化管理建设工作，通过加强业务培训和严格执法检查，提高企业的自觉性主动性，强化生产经营流向管控，落实防止非药品类易制毒化学品流入非法渠道的主体责任。

（四）抓紧制定急需法规标准

一是推进立法工作。配合加快推进《危险化学品安全法》制定和《烟花爆竹安全管理条

例》修订立项工作，争取更大进展。二是加快制定事中事后监管规章。制定《危险化学品企业安全生产监督管理规定》《油气管道高后果区安全责任制意见》《危险化学品企业安全基础建设指导意见》《烟花爆竹新技术应用安全管理办法》《非药品类易制毒化学品规范化与危险化学品安全生产标准化融合实施细则》等规章规定，突出政府和企业责任体系建设、重大风险管控和重大隐患排查治理，提高违法成本和震慑力，提升安全保障能力。三是加快颁布急需标准。推动、制定、修订颁布《危险化学品经营企业安全技术基本要求》《化工过程安全管理导则》《油气管道建设项目安全设施设计规范》《烟花爆竹重大危险源辨识》《烟花爆竹零售店（点）安全技术规范》等标准，加快推进一批成熟有效的规范性文件转化为标准。四是加大宣贯力度。组织指导以多种方法、途径，全面宣贯新颁布实施的《危险化学品重大危险源辨识》《危险化学品生产装置和储存设施风险基准》等重要规定和标准，确保认识到位、理解到位、执行到位。

（五）大力推进科技进步、人才培养和社会共治

一是加快提升信息化监管水平。充分利用互联网、物联网、高科技时代信息化手段，与安全监管工作深度有机融合，有力支撑推动提高安全监管信息化、精准化、智能化、动态化、高效化水平。二是持续推广先进方法技术。认真学习借鉴国外先进经验，大力推广化工过程安全管理、自动化控制、安全仪表系统、高风险特殊作业移动监测监控系统、危险与可操作性分析、定量风险评估、油气管道高后果区管理以及烟花爆竹机械化自动化智能化生产等先进方法技术，完善安全管理理念模式，大幅降低高危岗位现场作业人员数量，提高本质安全水平和安全保障能力。三是推进企业高素质高技能人员培养。继续依托中国石油大学等传统专业优势高校，指导办好第二届化工安全复合型高级人才研修班，指导更多地区开办化工安全复合型高级人才培训班，会同有关部门合力推进高技能化工产业工人培养。四是加强宣传教育。充分发挥各类新媒体等社会力量作用，针对企业人员和社会公众等不同对象，完善制作安全知识宣传和典型事故警示教育片，在事故易发期集中开展警示教育，督促各地区有关企业时刻紧绷风险防范意识，不断提高全社会安全意识和自我保护技能。五是推动社会各方参与共治。鼓励倡导地方政府通过购买服务提高监管质量效果，继续支持地方对特殊作业实施第三方专业化监管的做法，倡导具有良好业绩的行业协会、技术机构、保险机构等社会力量支撑参与安全生产，深入发挥行业协会作用，加强行业自律，鼓励人民群众举报违法行为。

（六）不断提升基层监管能力

一是督促地方做好机构改革期间安全监管工作。高度重视地方机构改革期间安全监管工作，教育引导危险化学品烟花爆竹监管系统提高政治站位，积极拥护支持参与改革，认真履行职责，心无旁骛地抓好事故防范工作，做到机构改革与事故防范"两不误两促进"，确保人心不散、队伍不乱、工作不断、干劲不减，为机构改革营造良好的环境。二是强化基层监管能力建设。坚持实施重点省份联系指导制度，积极推进危险化学品重点地区应急管理部门聘请化工专业人员做驻局专家，不断提高专业化监管水平；督促推动危险化学品重点县和化工园区配备专业监管力量，以《危险化学品安全监管人员提升专业知识培训重点》为主要内容，层层组织开展监管人员集中培训，支持加大基层监管人员培训力度，加强作风与能力建设，不断提高基层监管部门落实重点工作的执行力，更好地适应新时代新形势新任务要求。

应急管理部分

2019 年 2 月 14 日

国务院安委会办公室关于开展危险化学品重点县专家指导服务工作的通知

安委办〔2019〕1 号

有关省、自治区、直辖市和新疆生产建设兵团安全生产委员会，有关单位：

为深入贯彻习近平总书记关于安全生产和应急管理的重要指示精神及国务院领导同志批示要求，认真落实国务院安委会办公室、应急管理部危险化学品安全生产专题视频会议安排，深刻汲取河北省张家口市"11·28"重大爆燃等事故教训，深入推动有关化工和危险化学品企业落实安全生产主体责任，强化重大风险管控，指导基层有关部门提高危险化学品安全监管的针对性与有效性，促进安全监管能力提升，坚决防范和遏制化工重、特大事故，国务院安委会办公室决定自 2019 年 1 月至 2021 年 12 月，组织对 53 个危险化学品重点县（以下简称重点县，名单见附件 1）开展为期三年的专家指导服务。现将有关事项通知如下：

一、指导思想

以习近平新时代中国特色社会主义思想为指导，认真贯彻落实党中央、国务院关于安全生产和应急管理的决策部署，牢牢把握现阶段安全生产的规律和特点，以高度的政治责任感把防范和遏制化工较大以上事故抓在手上，切实把安全责任担负起来落实下去，把各项安全防范措施抓细抓实抓好，不断夯实化工和危险化学品企业安全生产基础，提高本质安全水平，提升应急救援能力，健全完善安全生产长效机制，坚决遏制重特大事故，推动化工安全生产形势持续稳定好转。

二、工作目标

充分利用社会力量助力安全生产工作，指导帮助重点县有效解决危险化学品安全生产工作中的突出问题，在摸清风险、找准问题、抓实措施的基础上，狠抓应急管理部部署的重点工作落实，推动地方危险化学品安全监管工作上水平，推动企业落实安全生产主体责任，提高危险化学品安全生产水平。通过开展专家指导服务，带动重点县提升化工和危险化学品安全管理水平，培育 10 个左右化工和危险化学品安全监管工作示范县；通过培植帮扶，在每个重点县树立 1～2 个安全生产标杆企业；通过开展安全教育培训，为企业和地方政府监管部门培养一批高素质的安全管理与技术专家。

三、工作内容

（一）摸清底数，按照安全状况对企业分类分级。

1. 重点摸清涉及"两重点一重大"（重点监管的危险化学品、重点监管的危险化工工艺、危险化学品重大危险源）企业及地方依据《化工和危险化学品生产储存企业安全风险评估诊断分级指南（试行）》（应急〔2018〕19 号）评估出的红、橙两级企业的安全生产状况，排查识别存在较大风险的企业，调查评估因风险失控受影响的区域范围及风险值，分析诊断安全控制措施的充分性有效性，开展分级分类指导服务。

2.摸清重点县危险化学品专业监管力量配备与履职情况。

（二）突出重点，查找企业存在的安全生产共性问题及重大风险。

针对生产储存装置本质安全设计、总图布置、工艺操作（尤其是工艺报警、联锁的管理）、设备完好性管理、装置安全设施维护、特殊作业管理、变更管理、企业周边风险、应急处置方案、应急救援资源等方面存在的问题，提出整改建议意见。

（三）明确目标，推动企业提升安全生产科学化水平。

按照《危险化学品安全管理条例》《遏制危险化学品和烟花爆竹重特大事故工作意见》（安监总管三〔2016〕62号）、《危险化学品从业单位安全生产标准化评审标准》（安监总管三〔2011〕93号）、《国家安全监管总局关于加强化工过程安全管理的指导意见》（安监总管三〔2013〕88号）等法规政策、标准和规范性文件要求，指导企业深入推进安全生产标准化建设，构建风险分级管控与隐患排查治理双重预防机制，全面实施化工过程安全管理，提升企业安全生产科学化水平。

（四）加强安全教育培训，提升化工和危险化学品安全监管人员及企业安全管理人员能力。

在重点县开展法规标准政策、安全领导力、风险管控、安全生产标准化、化工过程安全管理等教育培训，提升化工和危险化学品监管人员及企业安全管理人员的专业能力。

（五）培育标杆，形成一批安全生产标杆企业和安全监管示范县。

从每个重点县中选择1~2家企业进行安全生产标杆企业培植（目标为一级安全生产标准化或化工过程安全管理示范企业），以点带面，推动本地区化工和危险化学品企业安全管理水平的提升。

通过重点辅导，培育一批安全生产监管示范县，树立基层危险化学品安全监管典型，推动全国危险化学品安全监管工作上台阶。

（六）推动化工和危险化学品企业加快转型升级。

通过诊断排查，对不符合国家产业政策（或生产技术处于淘汰或限制类产业类型）、管理差、安全设施投入严重不足、装置本质安全水平低、事故发生概率高、存在重大风险和隐患且整改无望的企业，提出关闭退出建议，推动化工和危险化学品企业转型升级。

四、工作形式

（一）加强组织领导。国务院安委会办公室成立专家指导服务工作协调组，组长由应急管理部领导同志担任，副组长由应急管理部危化监管司、中国化学品安全协会主要负责人和中国石油天然气集团有限公司安全管理部门、中国石油化工集团有限公司安全管理部门主要负责人担任，成员由中国安全生产科学研究院、应急管理部化学品登记中心、中国海洋石油集团有限公司安全管理部门、中国化学工程集团有限公司安全管理部门分管负责人担任，专家指导服务工作协调组设立办公室，负责有关日常事务。

（二）专家指导服务工作协调组办公室（以下简称协调组办公室）组织安全、工艺、设备、仪表、应急专家组成10个专家指导服务小组，每个专家指导服务小组负责对接5~6个重点县，根据重点县化工和危险化学品安全生产情况及涉及的行业类别，每个县每年指导服务至少2次，每次一周。同时，根据重点县需求，集中开展若干次安全教育培训或分批次在重点县开展各类安全教育培训。

（三）每次指导服务完成后进行总结评估，每次现场服务后进行集中讲评；每年召开一次指导服务工作总结会议。

五、工作要求

（一）协调组办公室于每年年初制定年度指导服务计划，并于每年1月15日前通报重点县所在的省级应急管理部门，并抄送有关市、县级应急管理部门。

专家指导服务小组每次指导服务完成后应在10个工作日内将指导服务的总结报告反馈所在地省、市级应急管理部门和重点县安全生产委员会及应急管理部门；协调组办公室负责汇总各专家指导服务小组工作情况，形成工作简报，按月上报国务院安委会办公室。

重点县所在省、市级应急管理部门要根据专家指导服务小组反馈的问题隐患清单，结合本地区安全监管工作实际，对照相关法律法规标准逐条分析，形成隐患整改和行政执法的交办事项，督促重点县限期落实整改。对重大隐患的整改，要建立分级挂牌督办制度。对整改落实不力、问题严重的，要依法依规严肃处理。省、市两级应急管理部门在抓好重点县整改的同时，还要对发现的典型问题，举一反三，及时组织辖区内有关化工和危险化学品企业进行排查整改，全面提升化工和危险化学品企业安全生产水平。

专家指导服务小组在每次指导服务工作开展时，须首先对前次工作中发现的问题隐患整改情况进行核查，核查结果报应急管理部。

（二）重点县应急管理部门应指派专人配合专家指导服务小组工作，提供本辖区内化工和危险化学品企业有关信息，并提供必要保障。

（三）各省级应急管理部门（西藏除外）应指导重点县及所在市级应急管理部门积极配合做好有关工作。同时，要参照本次重点县专家指导服务工作的方法，确定省级危险化学品重点县，研究进行专业督导的具体措施，提升重点县和本地区危险化学品安全生产水平。

（四）严守纪律要求。所有参与专家指导服务工作的人员应严格遵守中央八项规定精神，加强党风廉政建设，坚决反对形式主义和官僚主义；深入基层现场，坚持原则，敢于发现问题、指出问题，敢于动真碰硬，务求实效，努力推动化工和危险化学品安全生产形势持续稳定好转。

国务院安委会办公室

2019年1月2日

应急管理部关于贯彻落实国务院"证照分离"改革精神做好危险化学品和烟花爆竹安全许可审批工作的通知

应急函〔2018〕265 号

各省、自治区、直辖市及新疆生产建设兵团应急管理厅（局）：

《国务院关于在全国推开"证照分离"改革的通知》（国发〔2018〕35 号）明确在全国范围内对第一批 106 项行政审批事项进行"证照分离"改革，其中，危险化学品生产企业安全生产许可、经营许可、安全使用许可、建设项目安全条件审查以及烟花爆竹批发和零售许可等 6 项安全许可审批事项，要求采取优化准入服务的改革方式进行管理。为贯彻落实国务院"证照分离"改革精神，现就做好危险化学品和烟花爆竹安全许可审批有关事项通知如下。

一、优化审批流程，强化服务意识

各地区要在当地"证照分离"改革工作的总体框架下，将"证照分离"改革与其他"放管服"改革的工作任务进行统筹研究，协调推进。结合区域行政体制改革实际，会同有关部门，优化流程，细化要求，强化服务。

（一）压缩审批时限。各级应急管理部门要在保证审批质量的前提下，根据是否需要现场审核等具体情况，研究将相关许可证发放事项的许可时限在现有法定时限的基础上，压缩三分之一到一半的时间。使危险化学品建设项目安全条件审查时限同安全设施设计审查时限一致，由 45 日改为 20 个工作日。

（二）精简审批材料。按照《国务院办公厅关于做好证明事项清理工作的通知》（国办发〔2018〕47 号）要求，精简优化审批材料。对于部门内部或系统内可通过信息管理系统进行共享核验的材料，不得要求企业重复提交。要依法许可，严格规范许可材料目录，不得随意增加许可材料。进一步精简许可审批申请表，许可审批申请中提交的其他材料能反映相关信息的，不再重复要求填写。

（三）推进在线审批服务。进一步推广网上业务办理，公示审批程序、受理条件和办理标准，公开办理进度。研究建立"首问负责制""服务承诺制"和"限时办结制"，认真落实责任，提高审批效率。

（四）试点优化审批环节。有条件的地区可以试点研究建立网上预审机制，及时推送预审结果，最终实现办事企业群众"只跑一次"。研究实施对已取证企业在申请变更、延期换证时，书面材料合法的，可先行办理，先予核发许可证；涉及现场核查的，通过事中事后监管等手段，完成对企业的核查。

二、放管结合，强化事中事后监管

各地区要加强对审批事项的事中事后审查，严防出现因简化流程和精简审批材料后降低审批标准现象。结合政府机构改革事权划分，明确"谁审批、谁监管"原则，加强对许可企业的监督核查，对提供材料与事实不符，不符合相关许可条件的，依法依规予以严肃查处，确保监管到位。突出对重点企业和重大风险点的检查，提高监管效率。

三、推进信息共享，加强部门协作

（一）各地区要积极推进信息共享，实现在线获取核验营业执照和法定代表人或负责人的身份证明等材料。建立信用管理制度，发挥社会引导和舆论监督作用，将弄虚作假、违背承诺或严重违法违规的申请人，纳入信用管理，实施联合惩戒。

（二）应急管理部将按照法定程序启动修改相关部门规章和规范性文件。各地区要结合当前政府机构改革，积极发扬改革进取精神，认真落实有关要求，及时就涉及的许可审查改革事项，进一步予以细化明确，报送同级市场监管部门备案，并向社会公开。

应急管理部

2018 年 12 月 5 日

应急管理部关于全面实施危险化学品企业安全风险研判与承诺公告制度的通知

应急〔2018〕74 号

各省、自治区、直辖市及新疆生产建设兵团安全生产监督管理局，有关中央企业：

为深入贯彻落实《中共中央国务院关于推进安全生产领域改革发展的意见》和《国务院安委会办公室关于实施遏制重特大事故工作指南、构建双重预防机制的意见》（安委办〔2016〕11 号）要求，严格落实企业主体责任，强化安全风险防控，提高企业安全生产水平，有效防范遏制危险化学品较大以上事故，全力保障人民群众生命财产安全，在部分地区试点经验基础上，现就全面实施危险化学品企业安全风险研判与承诺公告制度有关事宜通知如下：

一、总体要求

实施安全风险研判与承诺公告制度要求危险化学品企业必须自觉遵守安全生产法律法规标准，全员、全过程、全天候、全方位落实安全生产主体责任，有效管控安全风险，及时排查治理事故隐患，将有关工作开展情况向全体员工做出公开承诺，并在工厂主门外公告，接受公众监督。地方各级安全监管部门要将安全风险研判与承诺公告制度落实作为推动企业落实主体责任、防范遏制重、特大事故的重要抓手，精心组织，积极推动，确保取得实效。

二、适用范围

危险化学品企业是指危险化学品生产、经营（带有储存设施）企业及取得危险化学品安全使用许可证的企业。

三、安全风险研判

（一）基本要求

1. 建立安全风险研判制度，完善责任体系，明确企业主要负责人、分管负责人、各职能部门、各车间（分厂）、各班组岗位的工作职责，强化目标管理和履职考核。

2. 按照"疑险从有、疑险必研，有险要判、有险必控"的原则，建立覆盖企业全员、全过程的安全风险研判工作流程。

3. 在每日开展班组交接班、车间生产调度会、厂级生产调度会布置生产工作任务的同时，要同步研判各项工作的安全风险，落实安全风险管控措施。

（二）重点内容

1. 生产装置的安全运行状态。生产装置的温度、压力、组分、液位、流量等主要工艺参数是否处于指标范围；压力容器、压力管道等特种设备是否处于安全运行状态；各类设备设施的静动密封是否完好无泄漏；超限报警、紧急切断、联锁等各类安全设施配备是否完好投用，并可靠运行。

2. 危险化学品罐区、仓库等重大危险源的安全运行状态。储罐、管道、机泵、阀门及仪表系统是否完好无泄漏；储罐的液位、温度、压力是否超限运行；内浮顶储罐运行中浮盘是否可能落底；油气罐区手动切水、切罐、装卸车时是否确保人员在岗；可燃及有毒气体报警和联锁是否处于可靠运行状态。仓库是否按照国家标准分区分类储存危险化学品，是否超量、超品种储存，相互禁配物质是否混放混存。

3. 高危生产活动及作业的安全风险可控状态。装置开停车是否制定开停车方案，试生产是否制定试生产方案并经专家论证；各项特殊作业、检维修作业、承包商作业是否健全和完善相关管理制度，作业过程是否进行安全风险辨识，严格程序确认和作业许可审批，加强现场监督，危险化学品罐区动火作业是否做到升级管理等；各项变更的审批程序是否符合规定。

4. 按照安全风险辨识结果，重大风险、较大风险是否落实管控及降低风险措施；重大隐患是否落实治理措施。

四、安全风险报告和承诺

1. 按照"一级向一级负责，一级让一级放心，一级向一级报告"的原则，企业各岗位、班组、车间、部门要每天做好职责范围内安全风险管控和隐患排查，自下而上层层研判、层层记录、层层报告、层层签字承诺，压实企业全员、全过程、全天候、全方位安全风险的研判和管控责任。

2. 在布置安全风险研判和管控工作任务时，既要向下级交任务、交工作、交目标，又要同步交思路、交方法、交安全要求。

3. 对下级安全风险报告和承诺，上级要组织力量进行评估，确保各项安全风险防控措施落实到位。

4. 主要负责人要结合本企业实际，全面掌握安全生产各项工作情况，亲自调度，确保生产经营活动的安全风险处于可控状态。

5. 在生产装置、罐区、仓库安全运行，高危生产活动及作业的风险可控、重大隐患落实治理措施的前提下，特殊作业、检维修作业、承包商作业等主要安全风险可控的前提下，以本企业董事长或总经理等主要负责人的名义每天签署安全承诺，在工厂主门外公告，并上传至属地安全监管部门网站。企业董事长或总经理外出时，应委托一名企业负责人代履行安全承诺工作。

五、安全承诺公告

（一）主要内容

1. 企业状态：主要公告企业当天的生产运行状态和可能引发安全风险的主要活动。如有几套生产装置，其中几套运行，几套停产；厂区内是否存在特殊作业及种类、次数；是否存在检维修及承包商作业；是否处于开停车、试生产阶段等。

2. 企业安全承诺：企业在进行全面安全风险研判的基础上，落实相关的安全风险管控措施，由企业主要负责人承诺当日所有装置、罐区是否处于安全运行状态，安全风险是否得到有效管控。

（二）公告方式

1. 公告时间：每天上午 10 时更新，至次日上午 10 时。

2. 公告地点：属地安全监管部门网站；企业主门岗显著位置设置的显示屏。企业设置的显示屏，要求文字图像显示清晰，安装位置符合防火防爆规定，保证人员、车辆安全通行。

（三）基本条件

企业存在下列情形之一的，不得向社会发布安全承诺公告：

1. 没有建立完善的安全风险研判与承诺公告管理制度，相关职责没有层层落实的；

2. 重大隐患没有制定治理措施的；

3. 动火等特殊作业管理措施不符合有关标准要求的，当天对重点装置、罐区以及动火等特殊作业没有进行安全风险研判和采取有效控制措施的；

4. 特殊时段没有带班值班企业负责人的。

六、安全风险研判与承诺的监督

1. 各级安全监管部门应督促指导企业于2018年11月30日前建立安全风险研判与承诺公告制度，将企业履行安全风险研判与承诺情况纳入监督检查内容，对于逾期未建立制度、不发布、虚假发布安全承诺公告的企业，进行约谈、通报、公开曝光，并纳入重点监管对象。

2. 各级安全监管部门要对企业安全风险研判与承诺公告情况进行统计分析，实施动态监管，将企业履行安全风险研判与承诺情况作为安全生产守信联合激励和失信联合惩戒的重要依据，督促引导企业自觉落实安全生产主体责任。

3. 各级安全监管部门要强化建立社会监督机制，鼓励企业员工和社会公众发现企业存在不发布、虚假发布安全承诺公告等情况时，积极向属地安全监管部门报告。

4. 鼓励有条件的地区建立信息平台，在按照《危险化学品生产储存企业安全风险评估诊断分级指南（试行）》要求对企业进行固有安全风险分级的基础上，充分结合企业承诺公告的动态风险，建立每日企业红、橙、黄、蓝安全风险分级，并按照分级结果落实分类、分级监管，实施日志式管理。

5. 有关中央企业要督促指导各分公司、子公司建立安全风险研判与承诺公告制度，完善责任体系；从集团公司层面制定总体安全风险防范措施，指导各分公司、子公司结合实际，落实安全风险管控措施。

请各省级安全监管局及时将本通知精神传达至本辖区各级安全监管部门及有关企业。

应急管理部

2018年9月4日

陆上石油天然气安全监管现场执法检查表

一、采油专业安全监管现场执法检查表

序号	检查事项	检查内容	检查依据	法律责任	备注
1	油水井	1.1 油水井投产	《安全生产法》第三十三条 安全设备的设计、制造、安装、使用、检测、维修、改造和报废，应当符合国家标准或者行业标准。生产经营单位必须对安全设备进行经常性维护、保养，并定期检测，保证正常运转。维护、保养、检测应当作好记录，并由有关人员签字。《石油天然气安全规程》（AQ2012—2007）5.6.2 油水井站投产前应对抽油机、管线、分离器、储罐等设备、设施及其安全附件，进行检查和验收。	《安全生产法》第九十六条 生产经营单位有下列行为之一的，责令限期改正，可以处五万元以下的罚款；逾期未改正的，处五万元以上二十万元以下的罚款，对其直接负责的主管人员和其他直接责任人员处一万元以上二万元以下的罚款；构成犯罪的，依照刑法有关规定追究刑事责任：（二）安全设备的安装、使用、检测、改造和报废不符合国家标准或者行业标准的；（三）未对安全设备进行经常性维护、保养和定期检测的；	
		1.2 油水井井场	《安全生产法》第三十八条 生产经营单位应当建立健全生产安全事故隐患排查治理制度，采取技术、管理措施，及时发现并消除事故隐患。事故隐患排查治理情况应当如实记录，并向从业人员通报。《石油行业安全生产标准化陆上采油实施规范》（AQ2042—2012）5.5.5.2 井场及计量间安全管理应符合要求，并做到：b）井口、管线不漏油，不漏气，配电装置不漏电；	《安全生产法》第九十九条 生产经营单位未采取措施消除事故隐患的，责令立即消除或者限期消除；生产经营单位拒不执行的，责令停产停业整顿，并处十万元以上五十万元以下的罚款，对其直接负责的主管人员和其他直接责任人员处二万元以上五万元以下的罚款。	

序号	检查事项	检查内容	检查依据	法律责任	备注
1	油水井	1.3 刹车装置	《安全生产法》第三十三条 安全设备的设计、制造、安装、使用、检测、维修、改造和报废，应当符合国家标准或者行业标准。生产经营单位必须对安全设备进行经常性维护、保养，并定期检测，保证正常运转。维护、保养、检测应当作好记录，并由有关人员签字。《石油行业安全标准化陆上采油实施规范》(AQ2042—2012) 5.5.2 c) 抽油机的刹车装置、螺杆泵的防反转装置应完好。	《安全生产法》第九十六条 生产经营单位有下列行为之一的，责令限期改正，可以处五万元以下的罚款；逾期未改正的，处五万元以上二十万元以下的罚款，对其直接负责的主管人员和其他直接责任人员处一万元以上二万元以下的罚款；构成犯罪的，依照刑法有关规定追究刑事责任：（二）安全设备的安装、使用、检测、改造和报废不符合国家标准或者行业标准的；（三）未对安全设备进行经常性维护、保养和定期检测的；	
		1.4 硫化氢监测	《安全生产法》第三十三条 生产经营单位必须对安全设备进行经常性维护、保养，并定期检测，保证正常运转。维护、保养、检测应当作好记录，并由有关人员签字。《石油天然气生产安全规程》(AQ2012—2007) 4.5.2 含硫化氢生产作业现场应安装硫化氢监测系统，进行硫化氢监测，符合以下要求：a) 含硫化氢监测仪；b) 重点监测区应配备固定式和携带式硫化氢监测探头、报警器；c) 硫化氢监测区应设置醒目的标志、硫化氢监测探头、报警器。硫化氢监测仪应定期校验，并进行检定。	《安全生产法》第九十六条 生产经营单位有下列行为之一的，责令限期改正，可以处五万元以下的罚款；逾期未改正的，处五万元以上二十万元以下的罚款，对其直接负责的主管人员和其他直接责任人员处一万元以上二万元以下的罚款；构成犯罪的，依照刑法有关规定追究刑事责任：（一）未在有较大危险因素的生产经营场所和有关设施、设备上设置明显的安全警示标志的；（二）安全设备的安装、使用、检测、改造和报废不符合国家标准或者行业标准的；（三）未对安全设备进行经常性维护、保养和定期检测的；	

序号	检查事项	检查内容	检查依据	法律责任	备注
1	油水井	1.5 废弃井常停井	《安全生产法》第三十八条 生产经营单位应当建立健全安全生产事故隐患排查治理制度，采取技术、管理措施，及时发现并消除事故隐患。事故隐患排查治理情况应当如实记录，并向从业人员通报。《石油天然气安全规程》（AQ 2012—2007）5.5.11.3 废弃井、常停井应达到国家现行标准关于废弃井及常停井处置的技术要求。	《安全生产法》第九十八条 生产经营单位未采取措施消除事故隐患的，责令立即消除或者限期消除；生产经营单位拒不执行的，责令停产停业整顿，并处十万元以上五十万元以下的罚款，对其直接负责的主管人员和其他直接责任人员处二万元以上五万元以下的罚款。	
		2.1 井口装置	《安全生产法》第三十八条 生产经营单位应当建立健全安全生产事故隐患排查治理制度，采取技术、管理措施，及时发现并消除事故隐患。事故隐患排查治理情况应当如实记录，并向从业人员通报。《石油天然气安全规程》（AQ 2012—2007）5.6.5 井口装置及其他设备应完好不漏，油气井口阀门应开关灵活。	《安全生产法》第九十八条 生产经营单位未采取措施消除事故隐患的，责令立即消除或者限期消除；生产经营单位拒不执行的，责令停产停业整顿，并处十万元以上五十万元以下的罚款，对其直接负责的主管人员和其他直接责任人员处二万元以上五万元以下的罚款。	
2	采油生产	2.2 安全附件	《安全生产法》第三十三条 安全设备的设计、制造、安装、使用、检测、维修、改造和报废，应当符合国家标准或者行业标准。生产经营单位必须对安全设备进行经常性维护、保养，并定期检测，保证正常运转。维护、保养、检测应当作好记录，并由有关人员签字。《石油天然气安全规程》（AQ 2012—2007）5.6.3 运行中的压力设备、管道安全阀、压力表、液位计等安全设施应齐全\灵敏、准确，应定期校验。	《安全生产法》第九十六条 生产经营单位有下列行为之一的，责令限期改正，可以处五万元以下的罚款；逾期未改正的，处五万元以上二十万元以下的罚款，对其直接负责的主管人员和其他直接责任人员处一万元以上二万元以下的罚款；情节严重的，责令停产停业整顿；构成犯罪的，依照刑法有关规定追究刑事责任：（二）安全设备的安装、使用、检测、改造和报废不符合国家标准或者行业标准的；（三）未对安全设备进行经常性维护、保养和定期检测的；	

序号	检查事项	检查内容	检查依据	法律责任	备注
2	采油生产	2.3 油井作业	《石油天然气安全规程》（AQ 2012—2007）5.6.5 油水井进行热洗、清蜡、解堵等作业用的拖工车辆应距井口20米以上，施工地面管线要进行锚定；	《安全生产违法行为行政处罚办法》第四十五条 生产经营单位及其主要负责人或者其他人员有下列行为之一的，给予警告，并可以对生产经营单位处1万元以上3万元以下罚款，对其主要负责人、其他有关人员处1000元以上1万元以下的罚款：违反操作规程或者强令从业人员违章、冒险作业的；违章指挥或者强令从业人员违章、冒险作业的；	
		2.4 安全警示标志	《安全生产法》第三十二条 生产经营单位应当在有较大危险因素的生产经营场所和有关设施、设备上，设置明显的安全警示标志。《石油天然气安全规程》（AQ 2012—2007）5.6.4 油水井井场、计量站应有醒目的安全警示标志、管线应标明介质走向。	《安全生产法》第九十六条 生产经营单位有下列行为之一的，责令限期改正，可以处五万元以下的罚款；逾期未改正的，处五万元以上二十万元以下的罚款，对其直接负责的主管人员和其他直接责任人员处一万元以上二万元以下的罚款；情节严重的，责令停产停业整顿；构成犯罪的，依照刑法有关规定追究刑事责任：（一）未在有较大危险因素的生产经营场所和有关设施、设备上设置明显的安全警示标志的；	
3	联合站管理	3.1 集输管线	《安全生产法》第三十八条 生产经营单位应当建立健全安全事故隐患排查治理制度，采取技术、管理措施，及时发现并消除事故隐患。事故隐患排查治理情况应当如实记录，并向从业人员通报。《石油天然气安全规程》（AQ2012—2007）5.7.2.2 应定期对管线巡回检查，管线不得超压运行。	《安全生产法》第九十八条 生产经营单位未采取措施消除事故隐患的，责令立即消除或者限期消除；生产经营单位拒不执行的，责令停产停业整顿，并处十万元以上五十万元以下的罚款，对其直接负责的主管人员和其他直接责任人员处二万元以上五万元以下的罚款。	

序号	检查事项	检查内容	检查依据	法律责任	备注
3	联合站管理	3.2 计量员	《石油天然气安全规程》(AQ 2012—2007) 5.7.2.3 不应穿钉鞋和化纤衣服上罐。上罐应用防爆手电筒，且不应在罐顶开闭。每次上罐人数不应超过五人。计量时应站在上风方向，并轻开轻关油口盖子。	《安全生产违法行为行政处罚办法》第四十五条 生产经营单位及其主要负责人或者其他人员有下列行为之一的，给予警告，并可以对生产经营单位处 1 万元以上 3 万元以下罚款，对其主要负责人、其他有关人员处 1000 元以上 1 万元以下的罚款： 违反操作规程或者安全管理规定作业的； 违章指挥从业人员或者强令从业人员违章、冒险作业的；	
4	联合站生产运行	4.1 原油脱水	《安全生产法》第三十三条 安全设备的设计、制造、安装、使用、检测、维修、改造和报废，应当符合国家标准或者行业标准。生产经营单位必须对安全设备进行经常性维护、保养，并定期检测，保证正常运转。维护、保养、检测应当作好记录，并由有关人员签字。 《石油天然气安全规程》(AQ 2012—2007) 5.7.2.4 电脱水器高压部分应有围栏、安全门应有锁，并有电气联锁自动断电装置。油水界面自动控制设施及安全附件应完好可靠，安全阀应好可靠。	《安全生产法》第九十六条 生产经营单位有下列行为之一的，责令限期改正，可以处五万元以下的罚款；逾期未改正的，处五万元以上二十万元以下的罚款，对其直接负责的主管人员和其他直接责任人员处一万元以上二万元以下的罚款；情节严重的，责令停产停业整顿；构成犯罪的，依照刑法有关规定追究刑事责任： (二) 安全设备的安装、使用、检测、改造和报废不符合国家标准或者行业标准的； (三) 未对安全设备进行经常性维护、保养和定期检测的；	

序号	检查事项	检查内容	检查依据	法律责任	备注
4	联合站生产运行	4.2 原油稳定	《安全生产法》第三十三条 安全设备的设计、制造、安装、使用、检测、维修、改造和报废，应当符合国家标准或者行业标准。生产经营单位必须对安全设备进行经常性维护、保养，并定期检测，保证正常运转。维护、保养、检测应当作好记录，并由有关人员签字。《石油天然气安全规程》（AQ 2012—2007）5.7.2.5 原油稳定装置不应超温超压运行。压缩机应有完好可靠的启动及事故停车安全联锁装置和防静电接地装置。压缩机吸入管应有防止空气进入的安全措施。压缩机间应有强制通风设施及安全警示标志。	《安全生产法》第九十六条 生产经营单位有下列行为之一的，责令限期改正，处五万元以下的罚款；逾期未改正的，处五万元以上二十万元以下的罚款，对其直接负责的主管人员和其他直接责任人员处一万元以上二万元以下的罚款；情节严重的，责令停产停业整顿，构成犯罪的，依照刑法有关规定追究刑事责任：（一）未在有较大危险因素的生产经营场所和有关设施、设备上设置明显的安全警示标志的；（二）安全设备的安装、使用、检测、改造和报废不符合国家标准或者行业标准的；	
		4.3 污油水处理	《安全生产法》第三十三条 安全设备的设计、制造、安装、使用、检测、维修、改造和报废，应当符合国家标准或者行业标准。生产经营单位必须对安全设备进行经常性维护、保养，并定期检测，保证正常运转。维护、保养、检测应当作好记录，并由有关人员签字。《石油天然气安全规程》（AQ 2012—2007）5.7.2.6 污油罐应有高低液位自动报警装置。含油污水处理浮选间应设置强制通风设施。含油水处理浮选机、接地电阻应小于十欧姆，浮选机外漏旋转部位应有防护罩。	《安全生产法》第九十六条 生产经营单位有下列行为之一的，责令限期改正，处五万元以下的罚款；逾期未改正的，处五万元以上二十万元以下的罚款，对其直接负责的主管人员和其他直接责任人员处一万元以上二万元以下的罚款；情节严重的，责令停产停业整顿，构成犯罪的，依照刑法有关规定追究刑事责任：（一）未在有较大危险因素的生产经营场所和有关设施、设备上设置明显的安全警示标志的；（二）安全设备的安装、使用、检测、改造和报废不符合国家标准或者行业标准的；	

序号	检查事项	检查内容	检查依据	法律责任	备注
		4.4 输油泵房	《安全生产法》第三十三条 安全设备的设计、制造、安装、使用、检测、维修、改造和报废，应当符合国家标准或者行业标准。生产经营单位必须对安全设备进行经常性维护、保养，并定期检测，保证正常运转。维护、保养、检测应当作好记录，并由有关人员签字。 《石油天然气安全规程》（AQ 2012—2007）5.7.2.7 电动往复泵、螺杆泵、齿轮泵等容积式泵的出口管段阀门前，应安装安全阀及泄压和联锁保护装置。	《安全生产法》第九十六条 生产经营单位有下列行为之一的，责令限期改正，可以处五万元以下的罚款；逾期未改正的，处五万元以上二十万元以下的罚款，对其直接负责的主管人员和其他直接责任人员处一万元以上二万元以下的罚款；情节严重的，责令停产停业整顿；构成犯罪的，依照刑法有关规定追究刑事责任： （二）安全设备的安装、使用、检测、改造和报废不符合国家标准或者行业标准的；	
4	联合站生产运行	4.5 加热炉	《安全生产法》第三十三条 安全设备的设计、制造、安装、使用、检测、维修、改造和报废，应当符合国家标准或者行业标准。生产经营单位必须对安全设备进行经常性维护、保养，并定期检测，保证正常运转。维护、保养、检测应当作好记录，并由有关人员签字。 《石油天然气安全规程》（AQ 2012—2007）7.2.5.3 应定期对原油加热炉、炉管进行检测。间接加热炉还应定期检测热媒性能。	《安全生产法》九十六条 生产经营单位有下列行为之一的，责令限期改正，可以处五万元以下的罚款；逾期未改正的，处五万元以上二十万元以下的罚款，对其直接负责的主管人员和其他直接责任人员处一万元以上二万元以下的罚款；情节严重的，责令停产停业整顿；构成犯罪的，依照刑法有关规定追究刑事责任： （二）安全设备的安装、使用、检测、改造和报废不符合国家标准或者行业标准的； （三）未对安全设备进行经常性维护、保养和定期检测的；	

序号	检查事项	检查内容	检查依据	法律责任	备注
4	联合站生产运行	4.6 储油罐	《安全生产法》第三十三条 安全设备的设计、制造、安装、使用、检测、维修、改造和报废，应当符合国家标准或者行业标准。生产经营单位必须对安全设备进行经常性维护、保养，并定期检测，保证正常运转。维护、保养、检测应当作好记录，并由有关人员签字。 《石油天然气竣工应经相关部门验收合格后方能正式投产。应单独设置。储油罐安全附件应经检验合格后方可使用。应单独设置高低液位报警装置。 《石油天然气安全规程》（AQ 2012—2007）5.7.2.8	《安全生产法》第九十六条 生产经营单位有下列行为之一的，责令限期改正，可以处五万元以下的罚款；逾期未改正的，处五万元以上二十万元以下的罚款，对其直接负责的主管人员和其他直接责任人员处一万元以上二万元以下的罚款；情节严重的，责令停产停业整顿，构成犯罪的，依照刑法有关规定追究刑事责任： （二）安全设备的安装、使用、检测、改造和报废不符合国家标准或者行业标准的； （三）未对安全设备进行经常性维护、保养和定期检测的；	
		4.7 油区	《安全生产法》第三十八条 生产经营单位应当建立健全生产安全事故隐患排查治理制度，采取技术、管理措施，及时发现并消除事故隐患。事故隐患排查治理情况应当如实记录，并向从业人员通报。 《石油天然气安全规程》（AQ 2012—2009）油罐区阀门应编号挂牌，必要时上锁。防火提内无杂草，无可燃物。油罐区排水系统应设水封井，排水管线在防火梯外应设阀门。	《安全生产法》第九十九条 生产经营单位未采取措施消除事故隐患的，责令立即消除或者限期消除；生产经营单位拒不执行的，责令停产停业整顿，并处十万元以上五十万元以下的罚款，对其直接负责的主管人员和其他直接责任人员处二万元以上五万元以下的罚款。	

二、采气专业安全监管现场执法检查表

序号	检查事项	检查内容	检查依据	法律责任	备注
		1.1 紧急截断、泄放装置	《安全生产法》第三十三条 安全设备的设计、制造、安装、使用、检测、维修、改造和报废，应当符合国家标准或者行业标准。生产经营单位必须对安全设备进行经常性维护、保养，并定期检测，保证正常运转。维护、保养、检测应当作好记录，并由有关人员签字。 《石油天然气安全规程》（AQ2012—2007）7.2.4.4 "进出天然气站场的天然气管道应设置截断阀，进站截断阀的上游和出站截断阀的下游应设置泄压放空设施"。	《安全生产法》第九十六条 生产经营单位有下列行为之一的，责令限期改正，可以处五万元以下的罚款；逾期未改正的，处五万元以上二十万元以下的罚款，对其直接负责的主管人员和其他直接责任人员处一万元以上二万元以下的罚款；情节严重的，责令停产停业整顿；构成犯罪的，依照刑法有关规定追究刑事责任： （二）安全设备的安装、使用、检测、改造和报废不符合国家标准或者行业标准的； （三）未对安全设备进行经常性维护、保养和定期检测的；	
1	集输场站	1.2 加热炉	《安全生产法》第三十三条 安全设备的设计、制造、安装、使用、检测、维修、改造和报废，应当符合国家标准或者行业标准。生产经营单位必须对安全设备进行经常性维护、保养，并定期检测，保证正常运转。维护、保养、检测应当作好记录，并由有关人员签字。 《石油行业安全生产标准化临上采气实施规范》（AQ2043—2012）5.5.5.2 "井场的安全管理应符合下列要求：b）加热炉的筒体、液位计、烟囱、温度计等部件完好，烟囱采取有效的固定措施，加热炉火焰熄火保护系统定期进行检查"。	《安全生产法》第九十六条 生产经营单位有下列行为之一的，责令限期改正，可以处五万元以下的罚款；逾期未改正的，处五万元以上二十万元以下的罚款，对其直接负责的主管人员和其他直接责任人员处一万元以上二万元以下的罚款；情节严重的，责令停产停业整顿；构成犯罪的，依照刑法有关规定追究刑事责任： （二）安全设备的安装、使用、检测、改造和报废不符合国家标准或者行业标准的； （三）未对安全设备进行经常性维护、保养和定期检测的；	

序号	检查项	检查内容	检查依据	法律责任	备注
1	集输场站	1.3 安全附件	《安全生产法》第三十三条 安全设备的设计、制造、安装、使用、检测、维修、改造和报废，应当符合国家标准或者行业标准。生产经营单位必须对安全设备进行经常性维护、保养，并定期检测，保证正常运转。维护、保养、检测应当作好记录，并由有关人员签字。 《石油天然气安全规程》（AQ2012—2007）5.6.3"运行的压力设备、管道等设施设置的安全阀，压力表、液位计等安全附件齐全、灵敏、准确，应定期校验"。	《安全生产法》第九十六条 生产经营单位有下列行为之一的，责令限期改正，可以处五万元以下的罚款；逾期未改正的，处五万元以上二十万元以下的罚款，对其直接负责的主管人员和其他直接责任人员处一万元以上二万元以下的罚款；情节严重的，责令停产停业整顿；构成犯罪的，依照刑法有关规定追究刑事责任： （二）安全设备的安装、使用、检测、改造和报废不符合国家标准或者行业标准的； （三）未对安全设备进行经常性维护、保养和定期检测的。	
2	集输管道	2. 管道标志	《安全生产法》第三十二条 生产经营单位应当在有较大危险因素的生产经营场所和有关设施、设备上设置明显的安全警示标志。 《石油行业安全生产标准化陆上采气实施规范》（AQ2043—2012）5.5.4 "集输管道的安全管理应符合 GB 50423、SY6320、SY/T 0612、SY/T 5922、SY/T6780 等标准要求：（b）沿线设置里程桩、转角桩、警示牌"。	《安全生产法》第九十六条 生产经营单位有下列行为之一的，责令限期改正，可以处五万元以下的罚款；逾期未改正的，处五万元以上二十万元以下的罚款，对其直接负责的主管人员和其他直接责任人员处一万元以上二万元以下的罚款；情节严重的，责令停产停业整顿；构成犯罪的，依照刑法有关规定追究刑事责任： （一）未在有较大危险因素的生产经营场所和有关设施、设备上设置明显的安全警示标志的；	

序号	检查事项	检查内容	检查依据	法律责任	备注
3	安防设备设施	3.1 可燃气体检测报警仪	《安全生产法》第三十三条 安全设备的设计、制造、安装、使用、检测、维修、改造和报废，应当符合国家标准或者行业标准。生产经营单位必须对安全设备进行经常性维护、保养，并定期检测，保证正常运转。维护、保养、检测应当作好记录，并由有关人员签字。《石油行业安全生产标准化上采气陆上采气实施规范》(AQ2043—2012)5.4.3.2 采气单位应提供以下物力资源：在可能含有硫化氢、可燃气体的场所，基层单位应按要求配置硫化氢气体、可燃气体检测报警仪等。	《安全生产法》第九十六条 生产经营单位有下列行为之一的，责令限期改正，可以处五万元以下的罚款；逾期未改正的，处五万元以上二十万元以下的罚款，对其直接负责的主管人员和其他直接责任人员处一万元以上二万元以下的罚款；情节严重的，责令停产停业整顿；构成犯罪的，依照刑法有关规定追究刑事责任：（二）安全设备的安装、使用、检测、改造和报废不符合国家标准或者行业标准的；（四）未为从业人员提供符合国家标准或者行业标准的劳动防护用品的。	
		3.2 硫化氢检测报警仪	《安全生产法》第三十三条 安全设备的设计、制造、安装、使用、检测、维修、改造和报废，应当符合国家标准或者行业标准。生产经营单位必须对安全设备进行经常性维护、保养，并定期检测，保证正常运转。维护、保养、检测应当作好记录，并由有关人员签字。《石油天然气安全规程》(AQ2012—2007)4.5.2 "含硫化氢作业环境应配置固定和便携式硫化氢监测仪；重点监测区应设置醒目的标志，硫化氢监测探头、报警器；硫化氢报警仪应定期校验，并进行检定。"	《安全生产法》第九十六条 生产经营单位有下列行为之一的，责令限期改正，可以处五万元以下的罚款；逾期未改正的，处五万元以上二十万元以下的罚款，对其直接负责的主管人员和其他直接责任人员处一万元以上二万元以下的罚款；情节严重的，责令停产停业整顿；构成犯罪的，依照刑法有关规定追究刑事责任：（一）未在有较大危险因素的生产经营场所和有关设施、设备上设置明显的安全警示标志的；（二）安全设备的安装、使用、检测、改造和报废不符合国家标准或者行业标准的；（三）未对安全设备进行经常性维护、保养和定期检测的；	

序号	检查事项	检查内容	检查依据	法律责任	备注
4	天然气处理	4.1 气体泄漏火灾检测系统FGS	《安全生产法》第三十三条 安全设备的设计、制造、安装、使用、检测、维修、改造和报废，应当符合国家标准或者行业标准。生产经营单位必须对安全设备进行经常性维护、保养，并定期检测，保证正常运转。维护、保养、检测应当作好记录，并由有关人员签字。《石油天然气工程设计防火规范》（GB50183—2004）10.4.3 火灾和气体泄漏检测装置，应按以下原则配置：装置区、罐区以及其他存在潜在危险需要经常观测处，应设火焰探测报警装置。相应配置适当的现场手动报警按钮、探测器和报警器的信号盘应设置在保护区的控制室或操作室内。	《安全生产法》第九十六条 生产经营单位有下列行为之一的，责令限期改正，可以处五万元以下的罚款；逾期未改正的，处五万元以上二十万元以下的罚款，对其直接负责的主管人员和其他直接责任人员处一万元以上二万元以下的罚款；情节严重的，责令停产停业整顿；构成犯罪的，依照刑法有关规定追究刑事责任：（二）安全设备的安装、使用、检测、改造和报废不符合国家标准或者行业标准的；（三）未对安全设备进行经常性维护、保养和定期检测的；	
		4.2 截断阀	《安全生产法》第三十三条 安全设备的设计、制造、安装、使用、检测、维修、改造和报废，应当符合国家标准或者行业标准。生产经营单位必须对安全设备进行经常性维护、保养，并定期检测，保证正常运转。维护、保养、检测应当作好记录，并由有关人员签字。《天然气净化厂设计规范》（SY/T0011—2007）6.1.19 进出及天然气净化厂的天然气管道应设设截阀，并应能在事故状况下易于接近且便于操作。四级净化厂的天然气净化厂的截断阀应有自动功能。三级当天然气净化厂内有两套及两套以上天然气净化装置时，每套装置的天然气进出口管道均应设置截断阀，进入天然气净化厂的天然气管道上的截断阀前应设置安全阀和泄压放空阀，泄放装置均应为原料气全量。	《安全生产法》第九十六条 生产经营单位有下列行为之一的，责令限期改正，可以处五万元以下的罚款；逾期未改正的，处五万元以上二十万元以下的罚款，对其直接负责的主管人员和其他直接责任人员处一万元以上二万元以下的罚款；情节严重的，责令停产停业整顿；构成犯罪的，依照刑法有关规定追究刑事责任：（二）安全设备的安装、使用、检测、改造和报废不符合国家标准或者行业标准的；（三）未对安全设备进行经常性维护、保养和定期检测的；	

序号	检查事项	检查内容	检查依据	法律责任	备注
4	天然气处理	4.3（脱硫、脱水）放空火炬	《安全生产法》第三十三条 安全设备的设计、制造、安装、使用、检测、维修、改造和报废，应当符合国家标准或者行业标准。生产经营单位必须对安全设备进行经常性维护、保养，并定期检测，保证正常运转。维护、保养、检测应当作好记录，并由有关人员签字。《石油天然气工程设计防火规范》（GB50183—2004）6.8.6 放空管道必须保持畅通，并应符合下列要求：1. 高压、低压放空管宜分别设置，并应直接与火炬或放空总管连接；2. 不同压力的可燃气体放空接入同一排放系统时，应确保放放不同压力能同时安全排放。	《安全生产法》第九十六条 生产经营单位有下列行为之一的，责令限期改正，可以处五万元以下的罚款；逾期未改正的，处五万元以上二十万元以下的罚款，对其直接负责的主管人员和其他直接责任人员处一万元以上二万元以下的罚款；情节严重的，责令停产停业整顿；构成犯罪的，依照刑法有关规定追究刑事责任：（二）安全设备的安装、使用、检测、改造和报废不符合国家标准或者行业标准的；（三）未对安全设备进行经常性维护、保养和定期检测的；	
		4.4 增压机	《安全生产法》第三十三条 安全设备的设计、制造、安装、使用、检测、维修、改造和报废，应当符合国家标准或者行业标准。生产经营单位必须对安全设备进行经常性维护、保养，并定期检测，保证正常运转。维护、保养、检测应当作好记录，并由有关人员签字。《石油天然气工程设计防火规范》（GB50183—2004）6.3.1 可燃气体压缩机的布置及其厂房设计应符合下列规定：比空气轻的可燃气体压缩机宜封闭或封闭式厂房的顶部应采取通风措施。	《安全生产法》第九十六条 生产经营单位有下列行为之一的，责令限期改正，可以处五万元以下的罚款；逾期未改正的，处五万元以上二十万元以下的罚款，对其直接负责的主管人员和其他直接责任人员处一万元以上二万元以下的罚款；情节严重的，责令停产停业整顿；构成犯罪的，依照刑法有关规定追究刑事责任：（二）安全设备的安装、使用、检测、改造和报废不符合国家标准或者行业标准的；（三）未对安全设备进行经常性维护、保养和定期检测的；	

三、钻井专业安全监管现场执法检查表

序号	检查事项	检查内容		检查依据	法律责任	备注
1	井场布置	1.1 安全距离		《安全生产法》第三十八条 生产经营单位应当建立健全安全生产事故隐患排查治理制度，采取技术、管理措施，及时发现并消除事故隐患。事故隐患排查治理情况应当如实记录，并向从业人员通报。 《钻井井场、设备、作业安全技术规程》（SY5974—2014）3.2.12 值班房、发电房、库房、化验室等工作房及油罐区与井口不小于30m。发电房与油罐的距离及油罐房在井口上风方向，距井口不小于50m。锅炉房在井口上风方向，距井口不小于50m。	《安全生产法》第九十九条 生产经营单位未采取措施消除事故隐患的，责令立即消除或者限期消除；生产经营单位拒不执行的，责令停产停业整顿，并处十万元以上五十万元以下的罚款，对其直接负责的主管人员和其他直接负责人员处二万元以上五万元以下的罚款。	
		1.2 安全警示标志		《安全生产法》第三十二条 生产经营单位应当在有较大危险因素的生产经营场所和有关设备、设施上，设置明显的安全警示标志。 《钻井井场、设备、作业安全技术规程》（SY5974—2014）3.2.7 井场、钻台、油罐、机房等处应有明显安全标志牌。井场设立风向标；井场安全通道应畅通。	《安全生产法》第九十六条 生产经营单位有下列行为之一的，责令限期改正，可以处五万元以下的罚款；逾期未改正的，处五万元以上二十万元以下的罚款，对其直接负责的主管人员和其他直接责任人员处一万元以上二万元以下的罚款；情节严重的，责令停产停业整顿；构成犯罪的，依照刑法有关规定追究刑事责任： （一）未在有较大危险因素的生产经营场所和有关设施、设备上设置明显的安全警示标志的；	

序号	检查事项	检查内容	检查依据	法律责任	备注
2	设备设施安装	2.1 钻井设备安装	《安全生产法》第三十三条 安全设备的设计、制造、安装、使用、检测、维修、改造和报废，应当符合国家标准或者行业标准。生产经营单位必须对安全设备进行经常性维护、保养，并定期检测，保证正常运转。维护、保养、检测应当作好记录，并由有关人员签字。《石油天然气安全规程》（AQ2012—2007）5.2.4.2 钻井设备安装应符合下列要求：所有设备应按规定的位置摆放，附件、设备部件、安全装置应齐全、完好，且固定牢靠；绞车游动系统能迅速有效地进行制动与解除；	《安全生产法》第九十六条 生产经营单位有下列行为之一的，责令限期改正，可以处五万元以下的罚款；逾期未改正的，处五万元以上二十万元以下的罚款，对其直接负责的主管人员和其他直接责任人员处一万元以上二万元以下的罚款；构成犯罪的，依照刑法有关规定追究刑事责任：（二）安全设备的安装、使用、检测、改造和报废不符合国家标准或者行业标准的；	
		2.2 安全设备设施安装	第四十二条 生产经营单位必须为从业人员提供符合国家标准或者行业标准的劳动防护用品，并监督、教育从业人员按照使用规则佩戴、使用。《石油天然气安全生产标准化实施规范》（AQ2039—2012）5.4.3.2 物力：钻井单位应提供以下物力资源，包括：按规定配备个体防护用品及劳动防护用品，主要包括正压式空气呼吸器、安全带、护目镜、绝缘手套、工作鞋等；配备必需的安全设备设施及附件，且完好，主要包括防坠落装置、逃生装置、防堵装置、防爆通风设施、有毒有害气体检测仪器等；	《安全生产法》第九十六条 生产经营单位有下列行为之一的，责令限期改正，可以处五万元以下的罚款；逾期未改正的，处五万元以上二十万元以下的罚款，对其直接负责的主管人员和其他直接责任人员处一万元以上二万元以下的罚款；构成犯罪的，依照刑法有关规定追究刑事责任：（二）安全设备的安装、使用、检测、改造和报废不符合国家标准或者行业标准的；（四）未为从业人员提供符合国家标准或者行业标准的劳动防护用品的。	

序号	检查事项	检查内容	检查依据	法律责任	备注
3	硫化氢防护	3.1 证件管理	对从业人员进行安全生产教育和培训，保证从业人员具备必要的安全生产知识，熟悉有关的安全生产规章制度和安全操作规程，掌握本岗位的安全操作技能，了解事故应急处理措施，知悉自身在安全生产方面的权利和义务。未经安全生产教育和培训合格的从业人员，不得上岗作业。 《石油天然气安全规程》（AQ2012—2007）4.5.1 在含硫化氢的油气田进行油气生产前，所有生产作业人员包括现场监督接受硫化氢应应督受硫化氢防护的培训。	《安全生产法》第二十五条 生产经营单位应当 《安全生产法》第九十四条 生产经营单位有下列行为之一的，责令限期改正，可以处五万元以下的罚款；逾期未改正的，责令停产停业整顿，并处五万元以上十万元以下的罚款，对其直接负责的主管人员和其他直接责任人员处一万元以上二万元以下的罚款： （三）未按照规定对从业人员、被派遣劳动者、实习学生进行安全生产教育和培训，或者未按照规定如实告知有关的安全生产事项的；	
		3.2 硫化氢防护设施及安全	制造、安装、检测、维修、改造或者行业标准。生产经营单位必须对安全设备进行经常性维护、保养，并定期检测，并由有关人员。维护、保养、检测应当作好记录，并由有关人员签字。 《石油天然气安全规程》（AQ2012—2007）： 4.5.2 含硫化氢作业环境应配备固定式和便携式硫化氢监测仪、硫化氢监测仪应定期校检，并进行检定。 4.5.3 在钻井过程等令硫化氢作业环境应配备正压式空气呼吸器及与其匹配的空气压缩机，并处于备用状态。	《安全生产法》第九十六条 生产经营单位有下列行为之一的，责令限期改正，可以处五万元以下的罚款；逾期未改正的，处五万元以上二十万元以下的罚款，对其直接负责的主管人员和其他直接责任人员处一万元以上二万元以下的罚款；情节严重的，责令停产停业整顿；构成犯罪的，依照刑法有关规定追究刑事责任： （二）安全设备的安装、使用、检测、改造和报废不符合国家标准或者行业标准的； （三）未对安全设备进行经常性维护、保养和定期检测的；	

序号	检查事项	检查内容	检查依据	法律责任	备注
3	硫化氢防护	3.3 防硫化氢应急预案	《安全生产法》第七十八条 生产经营单位应当制定本单位生产安全事故应急救援预案,与所在地县级以上地方人民政府组织制定的生产安全事故应急救援预案相衔接,并定期组织演练。 《石油天然气安全规程》(AQ 2012—2007) 4.5.6 含硫化氢环境中生产作业时应制定防硫化氢应急预案。	《安全生产法》第九十四条 生产经营单位有下列行为之一的,责令限期改正,可以处五万元以下的罚款;逾期未改正的,处五万元以上二十万元以下的罚款,对其直接负责的主管人员和其他直接责任人员处一万元以上二万元以下的罚款; (六)未按照规定制定生产安全事故应急救援预案或者未定期组织演练的。	
4	井控管理	4.1 井控装置的安装与试压	《安全生产法》第三十三条 安全设备的设计、制造、安装、使用、检测、维修、改造和报废,应当符合国家标准或者行业标准。生产经营单位必须对安全设备进行经常性维护、保养,并定期检测,保证正常运转。维护、保养、检测应当作好记录,并由有关人员签字。 《石油天然气安全规程》(AQ2012—2007) 5.2.1.1 钻井井口装置应符合下列规定:(a)防喷器、套管头、四通的配合安装和固定合钻井井控装置组合配套; 5.2.5.1.4 钻具内防喷工具应符合下列要求:应使用与钻杆旋塞阀、并定期活动;与钻具尺寸相配的钻具止回阀或回压凡尔; 5.2.5.2.1 试压值应符合下列要求;在井上安装好后,按设计要求试压。	《安全生产法》第九十六条 生产经营单位有下列行为之一的,责令限期改正,可以处五万元以下的罚款;逾期未改正的,处五万元以上二十万元以下的罚款,对其直接负责的主管人员和其他直接责任人员处一万元以上二万元以下的罚款;情节严重的,责令停产停业整顿;构成犯罪的,依照刑法有关规定追究刑事责任: (二)安全设备的安装、使用、检测、改造和报废不符合国家标准或者行业标准的; (三)未对安全设备进行经常性维护、保养和定期检测的;	

序号	检查事项	检查内容	检查依据	法律责任	备注
4	井控管理	4.2 井控装置的使用和管理	《安全生产法》第三十三条 安全设备的设计、制造、安装、使用、检测、维修、改造和报废，应当符合国家标准或者行业标准。生产经营单位必须对安全设备进行经常性维护、保养，并定期检测，保证正常运转。维护、保养、检测应当作好记录，并由有关人员签字。 《石油天然气安全规程》（AQ 2012—2007） 5.2.5.3 井控装置的使用应符合下列要求： 对防喷器及其控制系统按规定进行维护保养并挂牌编号。井控管汇上闸阀应按标准开、关状态。 5.2.5.4 井控装置的管理应符合下列要求： 企业应有专门机构负责井控装置的管理、维修并明确责任。 在用井控装置的管理、操作应落实专人负责，并明确岗位责任。	《安全生产法》第九十六条 生产经营单位有下列行为之一的，责令限期改正，可以处五万元以下的罚款；逾期未改正的，处五万元以上二十万元以下的罚款，对其直接负责的主管人员和其他直接责任人员处一万元以上二万元以下的罚款；情节严重的，责令停产停业整顿；构成犯罪的，依照刑法有关规定追究刑事责任： （二）安全设备的安装、使用、检测、改造和报废不符合国家标准或者行业标准的； （三）未对安全设备进行经常性维护、保养和定期检测的；	
5	钻井作业过程控制	5.1 开钻验收	《安全生产法》第三十八条 生产经营单位应当建立健全生产安全事故隐患排查治理制度，采取技术、管理措施，及时发现并消除事故隐患。事故隐患排查治理情况应当如实记录，并向从业人员通报。 《石油天然气安全规程》（AQ 2012—2007） 5.2.6.1 对道路、井场、设备及电气安装质量、井场安全设施、物资储备、应急预案等进行全面检查验收，经验收合格后方可开钻。 5.2.6.5 由上级主管部门组织，按标准检查验收合格并批准后，方可钻开油气层。	《安全生产法》第九十八条 生产经营单位未采取措施消除事故隐患的，责令立即消除或者限期消除；生产经营单位拒不执行的，责令停产停业整顿，并处十万元以上五十万元以下的罚款，对其直接负责的主管人员和其他直接责任人员处二万元以上二十万元以下的罚款。	

序号	检查事项	检查内容	检查依据	法律责任	备注
5	钻井作业过程控制	5.2 钻进	《石油天然气安全规程》（AQ 2012—2007） 5.2.7.1.1 钻进时应严格按操作程序和操作规程进行操作。 5.2.7.1.3 开钻前检查、钻进、接单根、起下钻，接钻头等应符合国家现行标准关于常规钻进的安全技术要求。	《安全生产违法行为行政处罚办法》第四十五条 生产经营单位及其主要负责人或者其他人员有下列行为之一的，给予警告，并可以对生产经营单位处1万元以上3万元以下的罚款，对其主要负责人员处1000元以上1万元以下的罚款： （一）违反操作规程或者安全管理规定作业的； （二）违章指挥从业人员或者强令从业人员违章、冒险作业的；	
		5.3 井口与套管防护	《石油天然气安全规程》（AQ 2012—2007） 5.2.8.1 各层次套管居中，保持天车、井口与转盘在一条垂直线上。 5.2.8.6 防喷器应在井架座上锚紧固定。	《安全生产违法行为行政处罚办法》第四十五条 生产经营单位及其主要负责人或者其他人员有下列行为之一的，给予警告，并可以对生产经营单位处1万元以上3万元以下的罚款，对其主要负责人员处1000元以上1万元以下的罚款： （一）违反操作规程或者安全管理规定作业的； （二）违章指挥从业人员或者强令从业人员违章、冒险作业的；	
		5.4 复杂情况预防与处理	《石油天然气安全规程》（AQ 2012—2007） 5.2.11.1 发生顿钻，顶天车等情况时，应按相应的要求和程序进行处理。 5.2.11.2 当发生井涌、井漏、卡钻、井下落物等，应按国家现行标准的技术要求处理。	《安全生产违法行为行政处罚办法》第四十五条 生产经营单位及其主要负责人或者其他人员有下列行为处1万元以上3万元以下罚款，对其主要负责人员处1000元以上1万元以下的罚款： （一）违反操作规程或者安全管理规定作业的； （二）违章指挥从业人员或者强令从业人员违章、冒险作业的；	

序号	检查事项	检查内容	检查依据	法律责任	备注
5	钻井作业过程控制	5.5 井喷失控处理	《石油天然气安全规程》（AQ 2012—2007） 4.5.6 含硫化氢环境中生产作业时应制定防硫化氢应急预案，应确定应急预案、钻井、井下作业防硫化氢应急预案，应确定点火程序和决策人。 5.2.11.3.1 实施井喷着火预防措施，设置观察点，定时取样，测定井场及周围天然气、硫化氢和二氧化碳含量，划分安全范围。 5.2.11.3.2 根据失控状况及时启动应急预案，统一组织、协调指挥抢险工作。	《安全生产违法行为行政处罚办法》第四十五条 生产经营单位及其主要负责人或者其他人员有下列行为之一的，给予警告，并可以对生产经营单位处 1 万元以上 3 万元以下罚款，对其主要负责人、其他有关人员处 1000 元以上 1 万元以下的罚款： （一）违反操作规程或者安全管理规定作业的； （二）违章指挥从业人员或者强令从业人员违章、冒险作业的；	

四、井下作业安全监管现场执法检查表

序号	检查事项	检查内容	检查依据	法律责任	备注
1	井场布局	1.1 井下作业现场布置	《安全生产法》第三十八条 生产经营单位应当建立健全安全生产事故隐患排查治理制度，采取技术、管理措施，及时发现并消除事故隐患。事故隐患排查治理情况应当如实记录，并向从业人员通报。《石油天然气安全规程》（AQ 2012—2007）5.5.4.5 分离器距井口 30m 以上，火炬距井口 50m 以外，含硫化氢天然气井火炬距离井口 100m 以外，且位于主导风向的两侧。	《安全生产法》第九十九条 生产经营单位未采取措施消除事故隐患的，责令立即消除或者限期消除；生产经营单位拒不执行的，责令停产停业整顿，并处十万元以上五十万元以下的罚款，对其直接负责的主管人员和其他直接责任人员处二万元以上五万元以下的罚款。	
2	设备设施	2.1 设备设施安装要求	《安全生产法》第三十三条 安全设备的设计、制造、安装、使用、检测、维修、改造和报废，应当符合国家标准或者行业标准。生产经营单位必须对安全设备进行经常性维护、保养，并定期检测，保证正常运转。维护、保养、检测应当作好记录，并由有关人员签字。《石油天然气安全规程》（AQ 2012—2007）5.5.4.1 根据井深、井斜及管柱重量，选择修井机械、井架和游动系统等配套设备。	《安全生产法》第九十六条 生产经营单位有下列行为之一的，责令限期改正，可以处五万元以下的罚款；逾期未改正的，处五万元以上二十万元以下的罚款，对其直接负责的主管人员和其他直接责任人员处一万元以上二万元以下的罚款；情节严重的，责令停产停业整顿；构成犯罪的，依照刑法有关规定追究刑事责任：（二）安全设备的安装、使用、检测、改造和报废不符合国家标准或者行业标准的；	

序号	检查事项	检查内容	检查依据	法律责任	备注
		2.2 安全设施配备要求	《安全生产法》第三十三条 安全设备的设计、制造、安装、使用、检测、维修、改造和报废，应当符合国家标准或者行业标准。生产经营单位对安全设备进行经常性维护、保养，并定期检测，保证正常运转。维护、保养、检测应当作好记录，并由有关人员签字。 《石油行业安全生产标准化》(AQ 2041—2012) 5.5.5.5 安全设施应做到： (b) 井架安装速差自控器；有二层平台的井架应安装紧急逃生装置；高处作业应采取防坠落措施；	《安全生产法》第九十六条 生产经营单位有下列行为之一的，责令限期改正，可以处五万元以下的罚款；逾期未改正的，处五万元以上二十万元以下的罚款，对其直接负责的主管人员和其他直接责任人员处一万元以上二万元以下的罚款；情节严重的，责令停产停业整顿；构成犯罪的，依照刑法有关规定追究刑事责任： (二) 安全设备的安装、使用、检测、改造和报废不符合国家标准或者行业标准的；	
2	设备设施	2.3 安全警示标志	《安全生产法》第三十二条 生产经营单位应当在有较大危险因素的生产经营场所和有关设施、设备上，设置明显的安全警示标志。 《石油行业安全生产标准化》(AQ 2041—2012) 5.5.5.1 井下作业现场布置应符合以下规定： (c) 作业现场设置醒目的安全标志，包括必须佩戴安全帽、禁止烟火、必须系安全带、当心触电、当心坠落、当心落物、高压危险、机械伤人、高压带电（高压带电时）、当心井喷、高压工作区（使用 380V 以上电压工作时）等。	《安全生产法》第九十六条 生产经营单位有下列行为之一的，责令限期改正，可以处五万元以下的罚款；逾期未改正的，处五万元以上二十万元以下的罚款，对其直接负责的主管人员和其他直接责任人员处一万元以上二万元以下的罚款；情节严重的，责令停产停业整顿；构成犯罪的，依照刑法有关规定追究刑事责任： (一) 未在有较大危险因素的生产经营场所和有关设施、设备上设置明显的安全警示标志的；	

序号	检查事项	检查内容	检查依据	法律责任	备注
3	井控管理	3.1 井控装置配备	《安全生产法》第三十三条 安全设备的设计、制造、安装、使用、检测、维修、改造和报废，应当符合国家标准或者行业标准。生产经营单位必须对安全设备进行经常性维护、保养，并定期检测，保证正常运转。维护、保养、检测应当作好记录，并由有关人员签字。《石油天然气安全规程》（AQ 2012－2007）5.5.5 井控装置 5.5.5.1 试油（气）和井下作业的井均应安装井控装置。5.5.5.5 井控装置应统一编号建档，有试压合格井控装置井控证。	《安全生产法》第九十六条 生产经营单位有下列行为之一的，责令限期改正，可以处五万元以下的罚款；逾期未改正的，处五万元以上二十万元以下的罚款，对其直接负责的主管人员和其他直接责任人员处一万元以上二万元以下的罚款；情节严重的，责令停产停业整顿；构成犯罪的，依照刑法有关规定追究刑事责任：（二）安全设备的安装、使用、检测、改造和报废不符合国家标准或者行业标准的；	
		3.2 井控装置的安装、试压和使用	《安全生产法》第三十三条 安全设备的设计、制造、安装、使用、检测、维修、改造和报废，应当符合国家标准或者行业标准。生产经营单位必须对安全设备进行经常性维护、保养，并定期检测，保证正常运转。维护、保养、检测应当作好记录，并由有关人员签字。《石油行业安全生产标准化 井下作业实施规范》（AQ 2041－2012）5.5.4 井控应符合以下规定：(a) 防喷器远程控制台摆放在修井机前方距离井口大于 25m 处；(c) 安装完毕后应试压合格，闸门开关状态正确并有状态标识；(d) 压井、节流管汇应安装在钻台或操作台以外，并摆放平整，加以固定，各闸门开关灵活；	《安全生产法》第九十六条 生产经营单位有下列行为之一的，责令限期改正，可以处五万元以下的罚款；逾期未改正的，处五万元以上二十万元以下的罚款，对其直接负责的主管人员和其他直接责任人员处一万元以上二万元以下的罚款；情节严重的，责令停产停业整顿；构成犯罪的，依照刑法有关规定追究刑事责任：（二）安全设备的安装、使用、检测、改造和报废不符合国家标准或者行业标准的；（三）未对安全设备进行经常性维护、保养和定期检测的；	

序号	检查事项	检查内容	检查依据	法律责任	备注
4	硫化氢防护	4.1 证件管理	《安全生产法》第二十五条 生产经营单位应当对从业人员进行安全生产教育和培训，保证从业人员具备必要的安全生产知识，熟悉有关的安全生产规章制度和安全操作规程，掌握本岗位的安全操作技能，了解事故应急处理措施，知悉自身在安全生产方面的权利和义务。未经安全生产教育和培训合格的从业人员，不得上岗作业。 《石油天然气安全规程》（AQ2012-2007）4.5.1 在含硫化氢的油气田进行油气生产前，所有生产作业人员包括现场监督人员应接受硫化氢防护的培训。	《安全生产法》第九十四条 生产经营单位有下列行为之一的，责令限期改正，可以处五万元以下的罚款；逾期未改正的，责令停产停业整顿，并处五万元以上十万元以下的罚款，对其直接负责的主管人员和其他直接责任人员处一万元以上二万元以下的罚款： （三）未按照规定对从业人员进行安全生产教育和培训，或者未按照规定如实告知有关的安全生产事项的； （四）未如实记录安全生产教育和培训情况的；	
		4.2 含硫化氢现场监测装置配备	《安全生产法》第三十三条 安全设备的设计、制造、安装、使用、检测、维修、改造和报废，应当符合国家标准或者行业标准。生产经营单位必须对安全设备进行经常性维护、保养，并定期检测，保证正常运转。维护、保养、检测应当作好记录，并由有关人员签字。 《石油天然气安全规程》（AQ2012-2007）4.5.2 含硫化氢生产作业场所应安装硫化氢监测系统，进行硫化氢监测，符合以下要求：含硫化氢作业环境应配备固定式和携带式硫化氢监测仪；硫化氢监测仪应定期校验，并进行检定。	《安全生产法》第九十六条 生产经营单位有下列行为之一的，责令限期改正，可以处五万元以下的罚款；逾期未改正的，责令停产停业整顿，对其直接负责的主管人员和其他直接责任人员处一万元以上二万元以下的罚款；情节严重的，责令停产停业整顿，依照刑法有关规定追究刑事责任： （二）安全设备的安装、使用、检测、改造和报废不符合国家标准或者行业标准的； （三）未对安全设备进行经常性维护、保养和定期检测的；	

序号	检查事项	检查内容	检查依据	法律责任	备注
4	硫化氢防护	4.3 含硫化氢现场防护装置配备	《安全生产法》第四十二条　生产经营单位必须为从业人员提供符合国家标准或者行业标准的劳动防护用品，并监督、教育从业人员按照规则佩戴、使用。 《石油天然气安全规程》（AQ 2012—2007）4.5.3 含硫化氢环境中生产时应配备防护装备，符合以下要求： 在试油（气）、修井及井下作业过程等含硫化氢作业环境应配备正压式空气呼吸器及与其匹配的空气压缩机；	《安全生产法》第九十六条　生产经营单位有下列行为之一的，责令限期改正，可以处五万元以下的罚款；逾期未改正的，处五万元以上二十万元以下的罚款，对其直接负责的主管人员和其他直接责任人员处一万元以上二万元以下的罚款；情节严重的，责令停产停业整顿；构成犯罪的，依照刑法有关规定追究刑事责任： （四）未为从业人员提供符合国家标准或者行业标准的劳动防护用品的；	
5	井下作业过程控制	5.1 开工验收	《安全生产法》第三十八条　生产经营单位应当建立健全安全生产事故隐患排查治理制度，采取技术、管理措施，及时发现并消除事故隐患。事故隐患排查治理情况应当如实记录，并向从业人员通报。 《石油天然气安全规程》（AQ 2012—2007） 5.5.7.1 施工作业前，应对井架、场地、照明装置等进行检查，合格后可施工。 5.5.7.2 井场布置应符合设计及安全技术要求进行开工验收，合格后方可开工。	《安全生产法》第九十九条　生产经营单位未采取措施消除事故隐患的，责令立即消除或者限期消除；生产经营单位拒不执行的，责令停产停业整顿，并处十万元以上五十万元以下的罚款，对其直接负责的主管人员和其他直接责任人员处二万元以上五万元以下的罚款。	

序号	检查事项	检查内容	检查依据	法律责任	备注
5	井下作业过程控制	5.2 施工作业	《石油天然气安全规程》（AQ 2012—2007）5.5.7.3 施工过程中，应落实预防和制止井喷的具体措施； 上井架的人员应由扶梯上下；高处作业应系安全带；携带的工具应系防掉绳； 遇六级以上大风，能见度小于井架高度的浓雾天气，暴雨雷电天气及设备运行不正常时，应停止作业。	《安全生产违法行为行政处罚办法》第四十五条 生产经营单位及其主要负责人或者生产经营单位有下列行为之一的，给予警告，并可以对生产经营单位处1万元以上3万元以下罚款，对其主要负责人、其他有关人员处1000元以上1万元以下的罚款： （一）违反操作规程或者安全管理规定作业的； （二）违章指挥从业人员或者强令从业人员违章、冒险作业的；	
		5.3 压裂、酸化和化堵	《安全生产法》第三十三条 安全设备的设计、制造、安装、使用、检测、维修、改造和报废，应当符合国家标准或者行业标准。生产经营单位必须对安全设备进行经常性维护、保养，并定期检测，保证正常运转。维护、保养、检测应当作好记录，并由有关人员签字。 《石油天然气安全规程》（AQ 2012—2007）5.5.13.1 地面与井口连接管线和高压管汇，应按设计要求试压合格，各部阀门应灵活好用。	《安全生产法》第九十六条 生产经营单位有下列行为之一的，责令限期改正，可以处五万元以下的罚款；逾期未改正的，处五万元以上二十万元以下的罚款，对其直接负责的主管人员和其他直接责任人员处一万元以上二万元以下的罚款；情节严重的，责令停产停业整顿；构成犯罪的，依照刑法有关规定追究刑事责任： （二）安全设备的安装、使用、检测、改造和报废不符合国家标准或者行业标准的； （三）未对安全设备进行经常性维护、保养和定期检测的；	

序号	检查事项	检查内容	检查依据	法律责任	备注
5	井下作业过程控制	5.4 测试与诱喷	《石油天然气安全规程》（AQ 2012—2007） 5.5.9.1 测试时，应执行设计中的压力控制、测试工作制度。 5.5.9.2 气举或混气水诱喷不应使用空气气举。若使用天然气诱喷，分离器出的天然气应烧掉或进入集输系统。	《安全生产违法行为行政处罚办法》第四十五条 生产经营单位及其主要负责人或者其他人员有下列行为之一的，给予警告，并可以对生产经营单位处 1 万元以上 3 万元以下罚款，对其主要负责人、其他有关人员处 1000 元以上 1 万元以下的罚款： （一）违反操作规程或者安全管理规定作业的； （二）违章指挥从业人员或者强令从业人员违章、冒险作业的；	

五、物探专业安全监管现场执法检查表

序号	检查事项	检查内容	检查依据	法律责任	备注
1	营地设置与管理	1.1 营地布设	《安全生产法》第三十八条 生产经营单位应当建立健全安全生产事故隐患排查治理制度，采取技术、管理措施，及时发现并消除事故隐患。事故隐患排查治理情况应当如实记录，并向从业人员通报。 《石油天然气安全规程》（AQ 2012—2007）5.1.2.2 营地布设，应符合下列要求： 营房车布设，合理，间距不小于 3m，营房车抱约向外； 营地应合理设置垃圾收集箱（桶），营地外设垃圾处理站（坑）； 发配电站设在距离居住区 50m 以外； 设置电专门的临时停车场，并设置安全标志； 临时加油点设在距居住地 100m 以外； 营区设置标志旗（灯），设有紧急集合点，设置应急报警装置。	《安全生产法》第九十九条 生产经营单位未采取措施消除事故隐患的，责令立即消除或者限期消除；生产经营单位拒不执行的，责令停产停业整顿，并处十万元以上五十万元以下的罚款，对其直接负责的主管人员和其他直接责任人员处二万元以上五万元以下的罚款。	

序号	检查事项	检查内容	检查依据	法律责任	备注
1	营地设置与管理	1.2 营地用电	《安全生产法》第三十三条　安全设备的设计、制造、安装、使用、检测、维修、改造和报废，应当符合国家标准或者行业标准。生产经营单位必须对安全设备进行经常性维护、保养，并定期检测，保证正常运转。维护、保养、检测应当作好记录，并由有关人员签字。 《石油天然气安全规程》（AQ 2012—2007）5.1.2.3.1 用电安全，应符合下列要求： 应配备持电工资格证者营地维修。 安装、接地，检查应有故障维修； 电气线路无过载、短路、漏电保护装置应符合绝缘要求，无 各种开关、插头及配电装置应符合绝缘要求，无 破损、裸露和老化等隐患； 所有营房及用电设备应有接地装置，且接地电阻应小于4Ω； 不应在营房、帐篷内私接各种临时用电线路。 5.1.2.3.2 发电机用电，应符合下列要求： 发电机组应设置防雨、防晒棚，机组间距大于2m； 交流电机和励磁机组应加罩或外壳； 保持清洁、有防尘、有防水、散热、保温措施、有防火、防爆电等安全标志； 接线盒要密封、绝缘良好，不应超负荷运行； 供油油罐与发电机的安全距离不小于5m，阀门无渗漏，罐口封闭上锁； 发电机组应安装两根接地线，且接地电阻小于4Ω； 发电机组清洁下应安装废油、废水收集装置。 机组与支架固定部位应防振、固牢； 排气管应有消音装置。	《安全生产法》第九十六条　生产经营单位有下列行为之一的，责令限期改正，可以处五万元以下的罚款；逾期未改正的，处五万元以上二十万元以下的罚款，对其直接负责的主管人员和其他直接责任人员处一万元以上二万元以下的罚款；情节严重的，责令停产停业整顿；构成犯罪的，依照刑法有关规定追究刑事责任： （二）安全设备的安装、使用、检测、改造和报废不符合国家标准或者行业标准的； （三）未对安全设备进行经常性维护、保养和定期检测的；	

序号	检查事项	检查内容	检查依据	法律责任	备注
2	现场施工	2.1 钻井作业	《石油天然气安全规程》（AQ 2012－2007） 5.1.3.3 钻井作业应依据钻机类型制定操作规程，并认真执行。钻井过程中还应执行以下要求： 炮点周围无障碍物，25m内无高压电线，8m内无闲杂人员。炮点与附近施工设施安全距离不足时，不应施工，并及时报告。 钻机后用专用工具或手调整钻头和钻杆、钻杆卸和时，运转过程中，传动部位的防护罩应齐全、牢靠。运转过程中，不应对运转着的零部件扳搬洗、润滑、维修或跨越。不应装载钻头或钻杆，收回液压支脚。 车载钻机移动放倒井架，用锁板锁死，不应乘人。过沟渠、陡坡货物，应注意放倒井架，钻机平台上拉升限制高度标志。过沟渠、陡坡或山上公路时，应有人员指挥： 山地钻机搬运，协作配合，遇危险路段应有保护措施。山体较陡时，应采取上拉下推，托……钻机下部推，托，并放下井架。 雷雨、暴风雨和沙暴等恶劣天气停止一切钻井作业。	《安全生产违法行为行政处罚办法》第四十五条 生产经营单位及其主要负责人或者其他负责人或对生产经营单位有关人员处3万元以上3万元以下罚款，对其主要负责人员处1000元以上1万元以下的罚款： （一）违反操作规程或安全管理规定作业的； （二）违章指挥操作或者强令从业人员违章、冒险作业的；	
		2.2 采集作业	《石油天然气安全规程》（AQ 2012－2007） 5.1.3.5 采集作业应符合下列要求： 工程技术人员下达任务时，应向各班组提供一份标注危险地段和炮点近重要设施危险障碍的施工图； 检波器通过电缆线穿越危险障碍时（河流、水渠、陡坡等），应采取保护措施通过。穿越公路或在公路穿越施工时，应设立警示标志； 做好放炮警戒的监视工作，发现异常情况应立即报告爆炸员或仪器操作员，停止放炮； 放线测线过往车辆，不应离岗，注意观察，注意进行放线测线验收、放线，不应进行验收、放线测线过往车辆； 在行驶中的车辆大箱内不应乘人； 仪器车行驶应平稳，控制车速、不应冒险通过危险地段。	《安全生产违法行为行政处罚办法》第四十五条 生产经营单位及其主要负责人或者其他负责人并可以对生产经营单位处1万元以上3万元以下罚款，对其主要负责人，其他有关人员处1000元以上1万元以下的罚款： （一）违反操作规程或安全管理规定作业的； （二）违章指挥操作或者强令从业人员违章、冒险作业的；	

六、测录井专业安全监管现场执法检查表

序号	检查事项	检查内容	检查依据	法律责任	备注
1	录井作业	1.1 录井准备	《安全生产法》第七十八条 生产经营单位应当制定本单位生产安全事故应急救援预案，与所在地县级以上地方人民政府组织制定的生产安全事故应急救援预案相衔接，并定期组织演练。 《石油天然气安全规程》（AQ 2012—2007）5.3.1 应根据危险源辨识、风险评估，编制录井施工方案和应急预案，并按审批程序审批。	《安全生产法》第九十四条 生产经营单位有下列行为之一的，责令限期改正，可以处五万元以下的罚款；逾期未改正的，责令停产停业整顿，并处五万元以上十万元以下的罚款，对其直接负责的主管人员和其他直接责任人员处一万元以上二万元以下的罚款： （六）未按照规定制定生产安全事故应急救援预案或者未定期组织演练的；	
		1.2 设施、仪器安装调试	《安全生产法》第三十三条 安全设备的设计、制造、安装、使用、检测、维修、改造和报废，应当符合国家标准或者行业标准。生产经营单位必须对安全设备进行经常性维护、保养，并定期检测，保证正常运转。维护、保养、检测应当作好记录，并由有关人员签字。 《石油天然气安全规程》（AQ 2012—2007） 5.3.2.1 仪器房中应配置可燃气体报警器和硫化氢监测仪。 5.3.2.2 高压油气井、含硫化氢气井的气测录井仪器房应具有防爆功能，安全门应定期检查，保持灵活方便。	《安全生产法》第九十六条 生产经营单位有下列行为之一的，责令限期改正，可以处五万元以下的罚款；逾期未改正的，处五万元以上二十万元以下的罚款，对其直接负责的主管人员和其他直接责任人员处一万元以上二万元以下的罚款；情节严重的，责令停产停业整顿；构成犯罪的，依照刑法有关规定追究刑事责任： （二）安全设备的安装、使用、检测、改造和报废不符合国家标准或者行业标准的； （三）未对安全设备进行经常性维护、保养和定期检测的；	

序号	检查事项	检查内容	检查依据	法律责任	备注
1	录井作业	1.3 录井作业	《石油天然气安全规程》（AQ 2012—2007） 5.3.3.2 井涌、钻井液外溢时应及时向钻井队报警。 5.3.3.4 当检测到发现高含硫化氢时，应及时通知有关人员作好防护准备。 5.3.3.6 在新探区、新层系及含硫化氢地区录井时，应进行硫化氢监测，并配备相应的正式空气或空气呼吸器。	《安全生产违法行为行政处罚办法》第四十五条 生产经营单位及其主要负责人或者其他人员有下列行为之一的，给予警告，并可以对生产经营单位处1万元以上3万元以下罚款，对其主要负责人员处1000元以上1万元以下的罚款： （一）违反操作规程或者安全管理规定作业的； （二）违章指挥从业人员或者强令从业人员违章、冒险作业的；	
			《安全生产法》第七十八条 生产经营单位应当制定本单位生产安全事故应急救援预案，并定期组织演练。 《石油天然气安全规程》（AQ 2012—2007）5.4.1.1 应根据危险辨识、风险评估，编制测井施工方案和应急预案，并按审批程序审批。	《安全生产法》第九十四条 生产经营单位有下列行为之一的，责令限期改正，可以处五万元以下的罚款；逾期未改正的，责令停产停业整顿，并处五万元以上十万元以下的罚款，对其直接负责的主管人员和其他直接责任人员处一万元以上二万元以下的罚款： （六）未按规定制定生产安全事故应急救援预案或者未定期组织演练的；	
2	测井作业	2.1 生产准备	《安全生产法》第三十三条 安全设备的设计、制造、安装、使用、检测、维修、改造和报废，应当符合国家标准或者行业标准。生产经营单位必须对安全设备进行经常性维护、保养，并定期检测，保证正常运转。维护、保养、检测应当作好记录，并由有关人员签字。 5.4.1.3 各种井口带压设备应定期进行试压，合格后方可使用。	《安全生产法》第九十六条 生产经营单位有下列行为之一的，责令限期改正，可以处五万元以下的罚款；逾期未改正的，处五万元以上二十万元以下的罚款，对其直接负责的主管人员和其他直接责任人员处一万元以上二万元以下的罚款；情节严重的，责令停产停业整顿；构成犯罪的，依照刑法有关规定追究刑事责任： （二）安全设备的安装、使用、检测、改造和报废不符合国家标准或者行业标准的；	

序号	检查事项	检查内容	检查依据	法律责任	备注
1	录井作业	1.3 录井作业	《石油天然气安全规程》（AQ 2012—2007） 5.3.2 井涌、井漏发生时应及时向钻井队队报警。 5.3.4 当检测发现高含硫化氢时，应及时通知有关人员作好防护准备。 5.3.6 在新探区或新层及各硫化氢地区录井时，应进行硫化氢监测，并配备相应的正压式空气呼吸器。	《安全生产违法行为处罚办法》第四十五条 生产经营单位及其主要负责人或者其他有关人员有下列行为之一的，给予警告，并可以对生产经营单位处1万元以上3万元以下罚款，对其主要负责人、其他有关人员处1000元以上1万元以下的罚款： （一）违反操作规程或者安全管理规定作业的； （二）违章指挥从业人员或者强令从业人员违章、冒险作业的。	
			《安全生产法》第七十八条 生产经营单位应当制定本单位生产安全事故应急救援预案，并定期组织演练。 《石油天然气安全规程》（AQ 2012—2007）5.4.1.1 应根据危险源辨识、风险评估，编制测井施工方案和应急预案，并按审批程序审批。	《安全生产法》第九十四条 生产经营单位有下列行为之一的，责令限期改正，可以处五万元以下的罚款；逾期未改正的，责令停产停业整顿，并处五万元以上十万元以下的罚款，对其直接负责的主管人员和其他直接责任人员处一万元以上二万元以下的罚款： （六）未按照规定制定生产安全事故应急救援预案或者未定期组织演练的。	
2	测井作业	2.1 生产准备	《安全生产法》第三十三条 安全设备的设计、制造、安装、使用、检测、维修、改造和报废，应当符合国家标准或者行业标准。生产经营单位必须对安全设备进行经常性维护、保养，并定期检测，保证正常运转。维护、保养、检测应当作好记录，并由有关人员签字。 5.4.1.3 各种井口带压设备应定期进行试压，合格后方可使用。	《安全生产法》第九十六条 生产经营单位有下列行为之一的，责令限期改正，可以处五万元以下的罚款；逾期未改正的，处五万元以上二十万元以下的罚款，对其直接负责的主管人员和其他直接责任人员处一万元以上二万元以下的罚款；情节严重的，责令停产停业整顿；构成犯罪的，依照刑法有关规定追究刑事责任： （二）安全设备的安装、使用、检测、改造和报废不符合国家标准或者行业标准的；	

序号	检查事项	检查内容	检查依据	法律责任	备注
2	测井作业	2.3 射孔作业	第七十八条　生产经营单位应当制定本单位生产安全事故应急救援预案，并定期组织演练。 《石油天然气安全规程》（AQ 2012—2007） 5.4.4.1 应根据危险源辨识、风险评估，编制射孔施工方案和应急预案，并按审批程序审批。	《安全生产法》第九十四条　生产经营单位有下列行为之一的，责令限期改正，可以处五万元以下的罚款；逾期未改正的，责令停产停业整顿，并处五万元以上十万元以下的罚款，对其直接负责的主管人员和其他直接责任人员处一万元以上二万元以下的罚款： 　未按照规定制定生产安全事故应急救援预案或者未定期组织演练的；	

安全生产行政执法与刑事司法衔接工作办法

第一章 总则

第一条 为了建立健全安全生产行政执法与刑事司法衔接工作机制，依法惩治安全生产违法犯罪行为，保障人民群众生命财产安全和社会稳定，依据《中华人民共和国刑法》《中华人民共和国刑事诉讼法》《中华人民共和国安全生产法》《中华人民共和国消防法》和《行政执法机关移送涉嫌犯罪案件的规定》《生产安全事故报告和调查处理条例》《最高人民法院最高人民检察院关于办理危害生产安全刑事案件适用法律若干问题的解释》等法律、行政法规、司法解释及有关规定，制定本办法。

第二条 本办法适用于应急管理部门、公安机关、人民法院、人民检察院办理的涉嫌安全生产犯罪案件。

应急管理部门查处违法行为时发现的涉嫌其他犯罪案件，参照本办法办理。

本办法所称应急管理部门，包括煤矿安全监察机构、消防机构。

属于《中华人民共和国监察法》规定的公职人员在行使公权力过程中发生的依法由监察机关负责调查的涉嫌安全生产犯罪案件，不适用本办法，应当依法及时移送监察机关处理。

第三条 涉嫌安全生产犯罪案件主要包括下列案件：

（一）重大责任事故案件；

（二）强令违章冒险作业案件；

（三）重大劳动安全事故案件；

（四）危险物品肇事案件；

（五）消防责任事故、失火案件；

（六）不报、谎报安全事故案件；

（七）非法采矿，非法制造、买卖、储存爆炸物，非法经营，伪造、变造、买卖国家机关公文、证件、印章等涉嫌安全生产的其他犯罪案件。

第四条 人民检察院对应急管理部门移送涉嫌安全生产犯罪案件和公安机关有关立案活动，依法实施法律监督。

第五条 各级应急管理部门、公安机关、人民检察院、人民法院应当加强协作，统一法律适用，不断完善案件移送、案情通报、信息共享等工作机制。

第六条 应急管理部门在行政执法过程中发现行使公权力的公职人员涉嫌安全生产犯罪的问题线索，或者应急管理部门、公安机关、人民检察院在查处有关违法犯罪行为过程中发现行使公权力的公职人员涉嫌贪污贿赂、失职渎职等职务违法或者职务犯罪的问题线索，应当依法及时移送监察机关处理。

第二章 日常执法中的案件移送与法律监督

第七条 应急管理部门在查处违法行为过程中发现涉嫌安全生产犯罪案件的，应当立即指定2名以上行政执法人员组成专案组专门负责，核实情况后提出移送涉嫌犯罪案件的书面报告。应急管理部门正职负责人或者主持工作的负责人应当自接到报告之日起 3 日内作出批准移送或者不批准移送的决定。批准移送的，应当在 24 小时内向同级公安机关移送；不批准移送的，应当将不予批准的理由记录在案。

第八条 应急管理部门向公安机关移送涉嫌安全生产犯罪案件，应当附下列材料，并将案件移送书抄送同级人民检察院。

（一）案件移送书，载明移送案件的应急管理部门名称、违法行为涉嫌犯罪罪名、案件主办人及联系电话等。案件移送书应当附移送材料清单，并加盖应急管理部门公章；

（二）案件调查报告，载明案件来源、查获情况、嫌疑人基本情况、涉嫌犯罪的事实、证据和法律依据、处理建议等；

（三）涉案物品清单，载明涉案物品的名称、数量、特征、存放地等事项，并附采取行政强制措施、现场笔录等表明涉案物品来源的相关材料；

（四）附有鉴定机构和鉴定人资质证明或者其他证明文件的检验报告或者鉴定意见；

（五）现场照片、询问笔录、电子数据、视听资料、认定意见、责令整改通知书等其他与案件有关的证据材料。

对有关违法行为已经作出行政处罚决定的，还应当附行政处罚决定书。

第九条 公安机关对应急管理部门移送的涉嫌安全生产犯罪案件，应当出具接受案件的回执或者在案件移送书的回执上签字。

第十条 公安机关审查发现移送的涉嫌安全生产犯罪案件材料不全的，应当在接受案件的 24 小时内书面告知应急管理部门在 3 日内补正。

公安机关审查发现涉嫌安全生产犯罪案件移送材料不全、证据不充分的，可以就证明有犯罪事实的相关证据要求等提出补充调查意见，由移送案件的应急管理部门补充调查。根据实际情况，公安机关可以依法自行调查。

第十一条 公安机关对移送的涉嫌安全生产犯罪案件，应当自接受案件之日起 3 日内作出立案或者不予立案的决定；涉嫌犯罪线索需要查证的，应当自接受案件之日起 7 日内作出决定；重大疑难复杂案件，经县级以上公安机关负责人批准，可以自受案之日起 30 日内作出决定。依法不予立案的，应当说明理由，相应退回案件材料。

对属于公安机关管辖但不属于本公安机关管辖的案件，应当在接受案件后 24 小时内移送有管辖权的公安机关，并书面通知移送案件的应急管理部门，抄送同级人民检察院。对不属于公安机关管辖的案件，应当在 24 小时内退回移送案件的应急管理部门。

第十二条 公安机关作出立案、不予立案决定的，应当自作出决定之日起 3 日内书面通知应急管理部门，并抄送同级人民检察院。

对移送的涉嫌安全生产犯罪案件，公安机关立案后决定撤销案件的，应当将撤销案件决定书送达移送案件的应急管理部门，并退回案卷材料。对依法应当追究行政法律责任的，可以同时提出书面建议。有关撤销案件决定书应当抄送同级人民检察院。

第十三条 应急管理部门应当自接到公安机关立案通知书之日起 3 日内将涉案物品以及与案件有关的其他材料移交公安机关，并办理交接手续。

对保管条件、保管场所有特殊要求的涉案物品，可以在公安机关采取必要措施固定留取证据后，由应急管理部门代为保管。应急管理部门应当妥善保管涉案物品，并配合公安机关、人民检察院、人民法院在办案过程中对涉案物品的调取、使用及鉴定等工作。

第十四条 应急管理部门接到公安机关不予立案的通知书后，认为依法应当由公安机关决定立案的，可以自接到不予立案通知书之日起 3 日内提请作出不予立案决定的公安机关复议，也可以建议人民检察院进行立案监督。

公安机关应当自收到提请复议的文件之日起 3 日内作出复议决定，并书面通知应急管理部门。应急管理部门对公安机关的复议决定仍有异议的，应当自收到复议决定之日起 3 日内建议人民检察院进行立案监督。

应急管理部门对公安机关逾期未作出是否立案决定以及立案后撤销案件决定有异议的，可以建议人民检察院进行立案监督。

第十五条　应急管理部门建议人民检察院进行立案监督的，应当提供立案监督建议书、相关案件材料，并附公安机关不予立案通知、复议维持不予立案通知或者立案后撤销案件决定及有关说明理由材料。

第十六条　人民检察院应当对应急管理部门立案监督建议进行审查，认为需要公安机关说明不予立案、立案后撤销案件的理由的，应当要求公安机关在 7 日内说明理由。公安机关应当书面说明理由，回复人民检察院。

人民检察院经审查认为公安机关不予立案或者立案后撤销案件理由充分，符合法律规定情形的，应当作出支持不予立案、撤销案件的检察意见。认为有关理由不能成立的，应当通知公安机关立案。

公安机关收到立案通知书后，应当在 15 日内立案，并将立案决定书送达人民检察院。

第十七条　人民检察院发现应急管理部门不移送涉嫌安全生产犯罪案件的，可以派员查询、调阅有关案件材料，认为应当移送的，应当提出检察意见。应急管理部门应当自收到检察意见后 3 日内将案件移送公安机关，并将案件移送书抄送人民检察院。

第十八条　人民检察院对符合逮捕、起诉条件的犯罪嫌疑人，应当依法批准逮捕、提起公诉。

人民检察院对决定不起诉的案件，应当自作出决定之日起 3 日内，将不起诉决定书送达公安机关和应急管理部门。对依法应当追究行政法律责任的，可以同时提出检察意见，并要求应急管理部门及时通报处理情况。

第三章　事故调查中的案件移送与法律监督

第十九条　事故发生地有管辖权的公安机关根据事故的情况，对涉嫌安全生产犯罪的，应当依法立案侦查。

第二十条　事故调查中发现涉嫌安全生产犯罪的，事故调查组或者负责火灾调查的消防机构应当及时将有关材料或者其复印件移交有管辖权的公安机关依法处理。

事故调查过程中，事故调查组或者负责火灾调查的消防机构可以召开专题会议，向有管辖权的公安机关通报事故调查进展情况。

有管辖权的公安机关对涉嫌安全生产犯罪案件立案侦查的，应当在 3 日内将立案决定书抄送同级应急管理部门、人民检察院和组织事故调查的应急管理部门。

第二十一条　对有重大社会影响的涉嫌安全生产犯罪案件，上级公安机关采取挂牌督办、派员参与等方法加强指导和督促，必要时，可以按照有关规定直接组织办理。

第二十二条　组织事故调查的应急管理部门及同级公安机关、人民检察院对涉嫌安全生产犯罪案件的事实、性质认定、证据采信、法律适用以及责任追究有意见分歧的，应当加强协调沟通。必要时，可以就法律适用等方面问题听取人民法院意见。

第二十三条 对发生一人以上死亡的情形，经依法组织调查，作出不属于生产安全事故或者生产安全责任事故的书面调查结论的，应急管理部门应当将该调查结论及时抄送同级监察机关、公安机关、人民检察院。

第四章 证据的收集与使用

第二十四条 在查处违法行为的过程中，有关应急管理部门应当全面收集、妥善保存证据材料。对容易灭失的痕迹、物证，应当采取措施提取、固定；对查获的涉案物品，如实填写涉案物品清单，并按照国家有关规定予以处理；对需要进行检验、鉴定的涉案物品，由法定检验、鉴定机构进行检验、鉴定，并出具检验报告或者鉴定意见。

在事故调查的过程中，有关部门根据有关法律法规的规定或者事故调查组的安排，按照前款规定收集、保存相关的证据材料。

第二十五条 在查处违法行为或者事故调查的过程中依法收集制作的物证、书证、视听资料、电子数据、检验报告、鉴定意见、勘验笔录、检查笔录等证据材料以及经依法批复的事故调查报告，在刑事诉讼中可以作为证据使用。

事故调查组依照有关规定提交的事故调查报告应当由其成员签名。没有签名的，应当予以补正或者作出合理解释。

第二十六条 当事人及其辩护人、诉讼代理人对检验报告、鉴定意见、勘验笔录、检查笔录等提出异议，申请重新检验、鉴定、勘验或者检查的，应当说明理由。人民法院经审理认为有必要的，应当同意。人民法院同意重新鉴定申请的，应当及时委托鉴定，并将鉴定意见告知人民检察院、当事人及其辩护人、诉讼代理人；也可以由公安机关自行或者委托相关机构重新进行检验、鉴定、勘验、检查等。

第五章 协作机制

第二十七条 各级应急管理部门、公安机关、人民检察院、人民法院应当建立安全生产行政执法与刑事司法衔接长效工作机制。明确本单位的牵头机构和联系人，加强日常工作沟通与协作。定期召开联席会议，协调解决重要问题，并以会议纪要等方式明确议定事项。

各省、自治区、直辖市应急管理部门、公安机关、人民检察院、人民法院应当每年定期联合通报辖区内有关涉嫌安全生产犯罪案件移送、立案、批捕、起诉、裁判结果等方面信息。

第二十八条 应急管理部门对重大疑难复杂案件，可以就刑事案件立案追诉标准、证据的固定和保全等问题咨询公安机关、人民检察院；公安机关、人民检察院可以就案件办理中的专业性问题咨询应急管理部门。受咨询的机关应当及时答复；书面咨询的，应当在 7 日内书面答复。

第二十九条 人民法院应当在有关案件的判决、裁定生效后，按照规定及时将判决书、裁定书在互联网公布。适用职业禁止措施的，应当在判决、裁定生效后 10 日内将判决书、裁定书送达罪犯居住地的县级应急管理部门和公安机关，同时抄送罪犯居住地的县级人民检察院。具有国家工作人员身份的，应当将判决书、裁定书送达罪犯原所在单位。

第三十条 人民检察院、人民法院发现有关生产经营单位在安全生产保障方面存在问题或者有关部门在履行安全生产监督管理职责方面存在违法、不当情形的，可以发出检察建议、司法建议。有关生产经营单位或者有关部门应当按规定及时处理，并将处理情况书面反馈提出建议的人民检察院、人民法院。

第三十一条　各级应急管理部门、公安机关、人民检察院应当运用信息化手段，逐步实现涉嫌安全生产犯罪案件的网上移送、网上受理和网上监督。

第六章　附则

第三十二条　各省、自治区、直辖市的应急管理部门、公安机关、人民检察院、人民法院可以根据本地区实际情况制定实施办法。

第三十三条　本办法自印发之日起施行。

国务院安委会办公室关于进一步加快推进危险化学品安全综合治理工作的通知

安委办函〔2018〕59 号

各省、自治区、直辖市及新疆生产建设兵团安全生产委员会，中央编办，国务院有关部委、直属机构，国家监委，有关中央企业：

2016 年 11 月，国务院办公厅印发《危险化学品安全综合治理方案》（国办发〔2016〕88 号，以下简称《方案》）以来，特别是 2017 年 3 月 24 日国务院安委会危险化学品安全综合治理电视电话专题会议召开之后，各地区、各有关单位和中央企业认真贯彻落实国务院部署安排，大力推进工作落实，经过各单位的共同努力，综合治理工作取得了阶段性进展成效。但国务院安委会办公室在督导检查中发现，综合治理工作仍存在突出问题：一是认识存在偏差，部分地区和部门认为综合治理工作仅涉及安全监管部门，政府全面推动力度不够。二是危险化学品安全风险摸排不全面不彻底，目前危险化学品生产经营企业的安全风险摸排工作已基本完成，但运输环节及燃气等危险化学品使用领域摸排工作进展不平衡。三是部分地区和部门对重点工作抓落实的力度不够，一些重点工作未按计划时间节点推进。为进一步加快推进综合治理工作，确保各项工作按照既定时间节点如期完成，现提出如下要求：

一、统一思想，提高对综合治理工作重要性的认识

危险化学品安全是安全生产工作的重点，涉及企业数量多、行业领域多、监管部门多、潜在安全风险大，易影响公共安全，并且近年来新问题、新挑战和新风险点不断出现，安全生产形势依然严峻复杂。党中央、国务院历来高度重视危险化学品安全生产工作，开展综合治理是新时代贯彻落实习近平总书记关于危险化学品应急管理和安全生产工作重要指示要求的关键性举措，是国务院全面加强危险化学品安全生产工作的一项重大决策部署，是强化红线意识、标本兼治、夯实安全发展基础的系统性安排，意义重大突出。各地区、各单位要提高政治站位，进一步统一思想，深刻认识开展综合治理工作的重要性和紧迫性，准确把握工作任务和目标要求，加强组织领导，强化督导检查，注重实效长效，大力推动实施，形成工作合力，不折不扣地抓好贯彻落实，加速提升危险化学品安全生产水平，有效防范遏制危险化学品安全事故。

二、全面开展自查，加快推进各项工作任务

《方案》部署了 10 个方面、40 项工作，其中需在 2018 年 3 月底前完成的有 13 项，在 2018 年 3 月底前取得阶段性成果的有 15 项（有关工作任务清单见附件）。各地区、各有关单位要严格对照《方案》工作任务、责任分工和时限要求，突出建立安全风险分布"一张图一张表"、全面启动人口密集区危险化学品生产企业搬迁改造、强化危险化学品运输安全管控、大力提升危险化学品应急救援能力等重点任务，全面认真开展自查；对未按时完成或者完成质量不高的，要深入分析原因，制定针对性整改措施，明确整改责任单位和人员、时间要求，强化督促检查，加大督办考核力度，确保各项重点任务保质保量完成。

三、切实履行职责，确保按期完成各项工作任务

综合治理工作覆盖了危险化学品从生产到废弃处置的全过程，涉及领域多、部门多、周期长、任务重、要求高。各地区安全生产委员会要高度重视，把综合治理作为安全生产工作的重中之重，进一步强化组织领导，定期听取汇报、研究措施，全力整体推进综合治理工作。各有关部门特别是工作任务牵头部门要主动作为，切实履职，压实责任，强化考核，加快推进相关工作任务有效开展。各地区安委会办公室要充分发挥综合协调作用，加强与有关部门等单位协作配合，协调形成工作合力，推动如期完成综合治理工作任务。国务院安委会办公室将在今年下半年适时提请国务院办公厅组织开展综合治理工作专项督查。

各单位请于 2018 年 8 月 15 日前将自查情况和进一步推进措施报送国务院安委会办公室。

国务院安委会办公室
2018 年 7 月 10 日

附件：危险化学品安全综合治理有关工作任务清单

任务序号	治理内容	工作措施	责任分工	完成时限
1	全面摸排风险	公布涉及危险化学品安全风险的行业品种目录，认真组织摸排各行业领域危险化学品安全风险，重点摸排危险化学品生产、储存、使用、经营、运输和废弃处置以及涉及危险化学品的物流园区、港口、码头、机场和城镇燃气的使用等各环节、各领域的安全风险，建立危险化学品安全风险分布档案	各有关部门按职责分工负责	2018 年 3 月底前
2	重点排查重大危险源	认真组织开展危险化学品重大危险源排查，建立危险化学品重大危险源数据库	各有关部门按职责分工负责	2018 年 3 月底前
3	加强高危化学品管控	研究制定高危化学品目录。加强硝酸铵、硝化棉、氰化钠等高危化学品生产、储存、使用、经营、运输和废弃处置全过程管控	应急管理部（原安全监管总局）牵头，工业和信息化部、公安部、交通运输部、国家国防科工局等按职责分工负责	2018 年 3 月底前

任务序号	治理内容	工作措施	责任分工	完成时限
5	加强化工园区和涉及危险化学品重大风险功能区及危险化学品罐区的风险管控	部署开展化工园区（含化工相对集中区）和涉及危险化学品重大风险功能区区域定量风险评估，科学确定区域风险等级和风险容量，推动利用信息化、智能化手段在化工园区和涉及危险化学品重大风险功能区建立安全、环保、应急救援一体化管理平台，优化区内企业布局，有效控制和降低整体安全风险。加强化工园区和涉及危险化学品重大风险功能区的应急处置基础设施建设，提高事故应急处置能力。全面深入开展危险化学品罐区安全隐患排查整治	应急管理部（原安全监管总局）牵头，国家发展改革委、工业和信息化部、公安部、生态环境部（原环境保护部）、交通运输部、市场监管总局（原质检总局）、国家海洋局等按职责分工负责	2018年3月底前取得阶段性成果，2018年4月至2019年10月深化提升
6	全面启动实施人口密集区危险化学品生产企业搬迁工程	进一步摸清全国城市人口密集区危险化学品生产企业底数，通过定量风险评估，确定分批关闭、转产和搬迁企业名单。制定城区企业关停并转、退城入园的综合性支持政策，通过专项建设基金等给予支持，充分调动企业和地方政府的积极性和主动性，加快推进城市人口密集区危险化学品生产企业搬迁工作	工业和信息化部牵头，国家发展改革委、财政部、自然资源部（原国土资源部）、生态环境部（原环境保护部）、应急管理部（原安全监管总局）等按职责分工负责	2018年3月底前取得阶段性成果，2018年4月至2019年10月深化提升
7	加强危险化学品运输安全管控	健全安全监管责任体系，严格按照我国有关法律、法规和强制性国家标准等规定的危险货物包装、装卸、运输和管理要求，落实各部门、各企业和单位的责任，提高危险化学品（危险货物）运输企业准入门槛，督促危险化学品生产、储存、经营企业建立装货前运输车辆、人员、罐体及单据等查验制度，严把装卸关，加强日常监管	交通运输部、国家铁路局牵头，工业和信息化部、公安部、应急管理部（原安全监管总局）、市场监管总局（原质检总局）、中国民航局、国家邮政局等按职责分工负责	2018年3月底前取得阶段性成果，2018年4月至2019年10月深化提升

任务序号	治理内容	工作措施	责任分工	完成时限
8	巩固油气输送管道安全隐患整治攻坚战成果	突出重点，加快剩余隐患整改进度，全面完成油气输送管道安全隐患整治攻坚任务，杜绝新增隐患。加快完成国家油气输送管道地理信息系统建设工作。明确市、县级油气输送管道保护主管部门，构建油气输送管道风险分级管控、隐患排查治理工作机制，建立完善油气输送管道保护和安全管理长效机制。推动管道企业落实主体责任，开展管道完整性管理，强化油气输送管道巡护和管控，全面提升油气输送管道保护和安全管理水平	国务院油气输送管道安全隐患整改工作领导小组各成员单位按职责分工负责	2017 年 9 月底前完成
9	进一步健全和完善政府监管责任体系	研究完善危险化学品安全监管体制，加强对危险化学品安全的系统监管。厘清部门职责范围，明确《危险化学品安全管理条例》中危险化学品安全监督管理综合工作的具体内容，消除监管盲区	应急管理部（原安全监管总局）、中央编办牵头，司法部（原国务院法制办）等按职责分工负责	2018 年 3 月底前取得阶段性成果，2018 年 4 月至 2019 年 10 月深化提升
10	建立更加有力的统筹协调机制	完善现行危险化学品安全生产监管部际联席会议制度，增补相关成员单位，进一步强化统筹协调能力	应急管理部（原安全监管总局）牵头，各有关部门按职责分工负责	2018 年 3 月底前完成
11	强化行业主管部门危险化学品安全管理责任	按照"管行业必须管安全、管业务必须管安全、管生产经营必须管安全"的要求，严格落实行业主管部门的安全管理责任，负有安全生产监督管理职责的部门要依法履行安全监管责任。国务院安委会有关成员单位要按照国务院的部署和要求，依据法律法规和有关规定要求，研究制定本部门危险化学品安全监管的权力清单和责任清单	各有关部门按职责分工负责	2018 年 3 月底前完成

任务序号	治理内容	工作措施	责任分工	完成时限
12	完善法律法规体系	进一步完善危险化学品安全法律法规体系，推动制定加强危险化学品安全监督管理的专门法律	应急管理部（原安全监管总局）、司法部（原国务院法制办）等按职责分工负责	2018 年 3 月底前完成
		加快与国际接轨，根据《联合国关于危险货物运输的建议书》，研究推动《中华人民共和国道路运输条例》修订工作，进一步强化危险货物道路运输措施	交通运输部、司法部（原国务院法制办）等按职责分工负责	
13	完善危险化学品安全标准管理体制	按照国务院印发的《深化标准化工作改革方案》要求，完善统一管理、分工负责的危险化学品安全标准化管理体制，加强危险化学品安全标准统筹协调，制定危险化学品安全标准体系建设规划，进一步明确各部门职责分工	国家标准委、应急管理部（原安全监管总局）牵头，工业和信息化部、公安部、住房城乡建设部、交通运输部、应急管理部（原安全监管总局）、国家能源局、国家铁路局、中国民航局等按职责分工负责	2018 年 3 月底前完成
14	制定完善有关标准	尽快制订、修订化工园区、化工企业、危险化学品储存设施、油气输送管道外部安全防护距离和内部安全布局等相关标准；吸取近年来国内外化工企业重特大事故教训，进一步整合完善化工、石化行业安全设计和建设标准	国家标准委、应急管理部（原安全监管总局）牵头，国家发展改革委、工业和信息化部、公安部、生态环境部（原环境保护部）、住房城乡建设部、交通运输部、国家卫生健康委（原国家卫生计生委）、国家能源局、国家海洋局、国家铁路局等按职责分工负责	2018 年 3 月底前取得阶段性成果，2018 年 4 月至 2019 年 10 月深化提升

任务序号	治理内容	工作措施	责任分工	完成时限
16	规范产业布局	督促各地区认真落实国家有关危险化学品产业发展布局规划等，加强城市建设与危险化学品产业发展的规划衔接，严格执行危险化学品企业安全生产和环境保护所需的防护距离要求	国家发展改革委、工业和信息化部牵头，公安部、自然资源部（原国土资源部）、生态环境部（原环境保护部）、住房城乡建设部、应急管理部（原安全监管总局）、国家海洋局等按职责分工负责	2018年3月底前取得阶段性成果，2018年4月至2019年10月深化提升
17	严格安全准入	建立完善涉及公众利益、影响公共安全的危险化学品重大建设项目公众参与机制。在危险化学品建设项目立项阶段，对涉及"两重点一重大"（重点监管的危险化工工艺、重点监管的危险化学品和危险化学品重大危险源）的危险化学品建设项目，实施住房城乡建设、发展改革、国土资源、工业和信息化、公安消防、环境保护、海洋、卫生、安全监管、交通运输等相关部门联合审批。督促地方严格落实禁止在化工园区外新建、扩建危险化学品生产项目的要求。鼓励各地区根据实际制定本地区危险化学品"禁限控"目录	各有关部门按职责分工负责	2018年3月底前取得阶段性成果，2018年4月至2019年10月深化提升
18	加强危险化学品建设工程设计、施工质量的管理	严格落实《建设工程勘察设计管理条例》《建设工程质量管理条例》等法规要求，强化从事危险化学品建设工程设计、施工、监理等单位的资质管理，落实危险化学品生产装置及储存设施设计、施工、监理单位的质量责任，依法严肃追究因设计、施工质量而导致生产安全事故的设计、施工、监理单位的责任	住房城乡建设部、市场监管总局（原质检总局）、应急管理部（原安全监管总局）等按职责分工负责	2018年3月底前取得阶段性成果，2018年4月至2019年10月深化提升
23	严格规范执法检查	强化依法行政，加强对危险化学品企业执法检查，规范检查内容，完善检查标准，提高执法检查的专业性、精准性、有效性，依法严厉处罚危险化学品企业违法违规行为，加大对违法违规企业的曝光力度	各有关部门按职责分工负责	2018年3月底前取得阶段性成果，2018年4月至2019年10月深化提升

任务序号	治理内容	工作措施	责任分工	完成时限
25	建立实施"黑名单"制度	督促各地区加强企业安全生产诚信体系建设，建立危险化学品企业"黑名单"制度，及时将列入黑名单的企业在"信用中国"网站和企业信用信息公示系统公示，定期在媒体曝光，并作为工伤保险、安全生产责任保险费率调整确定的重要依据；充分利用全国信用信息共享平台，进一步健全失信联合惩戒机制	应急管理部（原安全监管总局）牵头，国家发展改革委、工业和信息化部、公安部、财政部、人力资源社会保障部、自然资源部（原国土资源部）、生态环境部（原环境保护部）、人民银行、税务总局、市场监管总局（原工商总局）、银保监会（原银监会、保监会）等按职责分工负责	2018年3月底前完成
26	严格危险化学品废弃处置	督促各地区加强废弃危险化学品处置能力建设，强化企业主体责任，按照"谁产生、谁处置"的原则，及时处置废弃危险化学品，消除安全隐患。加强废弃危险化学品处置过程的环境安全管理	生态环境部（原环境保护部）负责	2018年3月底前完成
27	强化危险化学品安全监管能力建设	加强负有危险化学品安全监管职责部门的监管力量，制定危险化学品安全监管机构和人员能力建设以及检查设备设施配备要求，强化危险化学品安全监管队伍建设，实现专业监管人员配比不低于在职人员75%的要求，提高依法履职的能力水平	各有关部门按职责分工负责	2018年3月底前完成
29	严格安全、环保评价等第三方服务机构监管	负责安全、环保评价机构资质审查审批的有关部门要认真履行日常监管职责，提高准入门槛，严格规范安全评价和环境影响评价行为，对弄虚作假、不负责任、有不良记录的安全、环保评价机构，依法降低资质等级或者吊销资质证书，追究相关责任并在媒体曝光	各有关部门按职责分工负责	2018年3月底前取得阶段性成果，2018年4月至2019年10月深化提升

任务序号	治理内容	工作措施	责任分工	完成时限
30	借鉴国际先进经验，防范重特大事故	及早启动开展国际劳工组织《预防重大工业事故公约》（第174号）批准相关工作，鼓励化工企业借鉴采用国际安全标准	人力资源社会保障部牵头，外交部、工业和信息化部、应急管理部（原安全监管总局）等按职责分工负责	2018年3月底前完成
31	完善危险化学品登记制度	加强危险化学品登记工作，建立全国危险化学品企业信息数据库，并实现部门数据共享	应急管理部（原安全监管总局）牵头，工业和信息化部、生态环境部（原环境保护部）、农业农村部（原农业部）、国家卫生健康委（原国家卫生计生委）、国家国防科工局等按职责分工负责	2018年3月底前取得阶段性成果，2018年4月至2019年10月深化提升
32	建立全国危险化学品监管信息共享平台	依托政府数据统一共享交换平台，建立危险化学品生产（含进口）、储存、使用、经营、运输和废弃处置企业大数据库，形成政府建设管理、企业申报信息、数据共建共享、部门分工监管的综合信息平台。鼓励企业建立安全管理信息平台，提高企业自身安全管理能力。灵活运用各种方式，探索实施易燃易爆有毒危险化学品电子追踪标识制度，及时登记记录全流向、闭环化的危险化学品信息数据，基本实现危险化学品全生命周期信息化安全管理及信息共享	工业和信息化部牵头，国家发展改革委、公安部、生态环境部（原环境保护部）、交通运输部、农业农村部（原农业部）、应急管理部（原安全监管总局）、海关总署、市场监管总局（原质检总局）、国家国防科工局、国家海洋局、国家铁路局、中国民航局等按职责分工负责	2018年3月底前取得阶段性成果，2018年4月至2019年10月深化提升
33	建设国家危险化学品安全公共服务互联网平台	依托安全监管总局化学品登记中心，设立国家危险化学品安全公共服务互联网平台，公布咨询电话，公开已登记的危险化学品相关信息，为社会公众、相关单位以及政府提供危险化学品安全咨询和应急处置技术支持服务	应急管理部（原安全监管总局）牵头，工业和信息化部等有关部门按职责分工负责	2018年3月底前取得阶段性成果，2018年4月至2019年10月深化提升

任务序号	治理内容	工作措施	责任分工	完成时限
34	进一步规范应急处置要求	制定更加规范的危险化学品事故接处警和应急处置规程，完善现场处置程序，探索建立专业现场指挥官制度，坚持以人为本、科学施救、安全施救、有序施救，有效防控应急处置过程风险，避免发生次生事故事件，推动实施科学化、精细化、规范化、专业化的应急处置	应急管理部（原安全监管总局）牵头，公安部、生态环境部（原环境保护部）、交通运输部等按职责分工负责	2018 年 3 月底前完成
37	加强危险化学品应急预案管理	简化、完善危险化学品相关应急预案编制以及应急演练要求，积极推行使用应急处置卡。定期组织开展联合演练，根据演练评估结果及时修订完善应急预案，进一步提高应急预案的科学性、针对性、实用性和可操作性。确保企业应急预案与地方政府及其部门相关预案衔接畅通	应急管理部（原安全监管总局）负责	2018 年 3 月底前取得阶段性成果，2018 年 4 月至 2019 年 10 月深化提升
39	加强化工行业管理人才培养	推动各地区加快人才培养，开展化工高层次人才培养和开办化工安全网络教育，加强化工行业安全管理人员培训	教育部、应急管理部（原安全监管总局）等按职责分工负责	2018 年 3 月底前取得阶段性成果，2018 年 4 月至 2019 年 10 月深化提升

应急管理部关于印发危险化学品生产储存企业安全风险评估诊断分级指南（试行）的通知

应急〔2018〕19 号

各省、自治区、直辖市及新疆生产建设兵团安全生产监督管理局，有关中央企业：

为认真贯彻党的十九大精神，落实党中央、国务院决策部署，加快完善安全风险分级管控和隐患排查治理工作机制，提高监管针对性，提升监管效能，有效防范、遏制重特大生产安全事故，根据《国务院安全生产委员会关于印发 2018 年工作要点的通知》（安委〔2018〕1 号）部署，结合危险化学品生产储存企业（以下简称危险化学品企业）安全生产特点和近年来一系列危险化学品安全生产工作要求，重点考虑危险化学品企业的固有危险性，兼顾危险化学品企业对安全风险管控的现实情况，我部组织制定了《危险化学品生产储存企业安全风险评估诊断分级指南（试行）》（以下简称《指南》，见附件），现予以印发，请认真贯彻执行，并就有关事项通知如下：

一、各地安全监管部门要高度重视危险化学品企业安全风险评估诊断工作，认真学习宣传《指南》，结合本地实际，进一步细化《指南》，并组织对辖区内危险化学品企业进行安全风险评估诊断分级，评估诊断采用百分制，根据评估诊断结果按照风险从高到低依次将辖区内危险化学品企业分为红色（60 分以下）、橙色（60 至 75 分以下）、黄色（75 至 90 分以下）、蓝色（90 分及以上）四个等级，对存在在役化工装置未经正规设计且未进行安全设计诊断等情形的企业可直接判定为红色；涉及环氧化合物、过氧化物、偶氮化合物、硝基化合物等自身具有爆炸性的化学品生产装置的企业必须由省级安全监管部门组织开展评估诊断；要按照分级结果，进一步完善危险化学品安全风险分布"一张图一张表"，落实安全风险分级管控和隐患排查治理工作机制。危险化学品企业安全风险评估诊断分级实施动态管理，原则上每三年开展一次。

二、各地安全监管部门要根据分级情况，结合《国家安全监管总局关于进一步加强监管监察执法促进企业安全生产主体责任落实的意见》（安监总政法〔2018〕5 号）要求，对诊断为红、橙、黄、蓝不同等级的危险化学品企业，采取针对性的监管措施，提高监管效能；要突出强化对红色及橙色等级危险化学品企业的监管，加大日常执法检查频次，依据《化工和危险化学品生产经营单位重大安全事故隐患判定标准（试行）》，依法严格处罚发现的事故隐患，加强危险化学品企业主要负责人安全生产培训考核；要督促各类危险化学品企业按照国家有关要求，采取有效措施，持续强化安全生产工作，不断提高本质安全水平和安全风险管控能力，有效降低安全风险，严防安全事故发生，坚决维护人民群众生命财产安全和社会稳定。

三、各地安全监管部门要在 2018 年 9 月底前组织完成本辖区危险化学品企业安全风险评估诊断分级工作，并由省级安全监管部门将分级情况于 2018 年 10 月底前报送应急管理部。

附件：危险化学品生产储存企业安全风险评估诊断分级指南（试行）

应急管理部
2018 年 5 月 10 日

类别	项目（分值）	评估内容	扣分值
1. 固有危险性	重大危险源（10分）	存在一级危险化学品重大危险源的，扣10分	
		存在二级危险化学品重大危险源的，扣8分	
		存在三级危险化学品重大危险源的，扣6分	
		存在四级危险化学品重大危险源的，扣4分	
	物质危险性（5分）	生产、储存爆炸品的（实验室化学试剂除外），每一种扣2分	
		生产、储存（含管道输送）氯气、光气等吸入性剧毒化学品的（实验室化学试剂除外），每一种扣2分	
		生产、储存其他重点监管危险化学品的（实验室化学试剂除外），每一种扣0.1分	
	危险化工工艺种类（10分）	涉及18种危险化工工艺的，每一种扣2分	
	火灾爆炸危险性（5分）	涉及甲类/乙类火灾危险性类别厂房、库房或者罐区的，每涉及一处扣1/0.5分 涉及甲类、乙类火灾危险性罐区、气柜与加热炉等与产生明火的设施、装置比邻布置的，扣5分	
2. 周边环境	周边环境（10分）	企业在化工园区（化工集中区）外的，扣3分	
		企业外部安全防护距离不符合《危险化学品生产、储存装置个人可接受风险标准和社会可接受风险标准（试行）》的，扣10分。	
3. 设计与评估	设计与评估（10分）	国内首次使用的化工工艺未经过省级人民政府有关部门组织安全可靠性论证的，扣5分	
		精细化工企业未按规范性文件要求开展反应安全风险评估的，扣10分	
		企业危险化学品生产储存装置均由甲级资质设计单位进行全面设计的，加2分	
4. 设备	设备（5分）	使用淘汰落后安全技术工艺、设备目录列出的工艺及设备的，每一项扣2分	
		特种设备没有办理使用登记证书的，或者未按要求定期检验的，扣2分	
		化工生产装置未按国家标准要求设置双电源或者双回路供电的，扣5分	

类别	项目（分值）	评估内容	扣分值
5. 自控与安全设施	自控与安全设施（10分）	涉及重点监管危险化工工艺的装置未按要求实现自动化控制，系统未实现紧急停车功能，装备的自动化控制系统、紧急停车系统未投入使用的，扣10分	
		涉及毒性气体、液化气体、剧毒液体的一级、二级重大危险源的危险化学品罐区未配备独立的安全仪表系统的，扣10分	
		构成一级、二级重大危险源的危险化学品罐区未实现紧急切断功能的，扣5分	
		危险化学品重大危险源未设置压力、液位、温度远传监控和超限位报警装置的，每涉及一项扣1分	
		涉及可燃和有毒有害气体泄漏的场所未按国家标准设置检测声光报警设施的，每一处扣1分	
		防爆区域未按国家标准安装使用防爆电气设备的，每一处扣1分	
		甲类、乙类火灾危险性生产装置内设有办公室、操作室、固定操作岗位或休息室的，每涉及一处扣5分	
6. 人员资质	人员资质（15分）	企业主要负责人和安全生产管理人员未依法经考核合格的，每一人次扣5分	
		企业专职安全生产管理人员不具备国民教育化工化学类（或安全工程）中等职业教育以上学历或者化工化学类中级以上专业技术职称的，每一人次扣5分	
		涉及"两重点一重大"装置的生产、设备及工艺专业管理人员不具有相应专业大专以上学历的，每一人次扣5分	
		企业未按有关要求配备注册安全工程师的，扣3分	
		企业主要负责人、分管安全生产工作负责人、安全管理部门主要负责人为化学化工类专业毕业的，每一人次加2分	
7. 安全管理制度	管理制度（10分）	未制定操作规程和工艺控制指标或者制定的操作规程和工艺控制指标不完善的，扣5分	
		动火、进入受限空间等特殊作业管理制度不符合国家标准或未有效执行的，扣10分	
		未建立与岗位相匹配的全员安全生产责任制的，每涉及一个岗位扣2分	
8. 应急管理	应急配备	企业自设专职消防应急队伍的，加3分	

类别	项目（分值）	评估内容	扣分值
9. 安全管理绩效	安全生产标准化达标	安全生产标准化为一级的，加15分	
		安全生产标准化为二级的，加5分	
		安全生产标准化为三级的，加2分	
	安全事故情况（10分）	三年内发生过1起较大安全事故的，扣10分	
		三年内发生过1起安全事故造成1~2人死亡的，扣8分	
		三年内发生过爆炸、着火、中毒等具有社会影响的安全事故，但未造成人员伤亡的，扣5分	
		五年内未发生安全事故的，加5分	
存在下列情况之一的企业直接判定为红色（最高风险等级）			
新开发的危险化学品生产工艺未经小试、中试和工业化试验直接进行工业化生产的			
在役化工装置未经正规设计且未进行安全设计诊断的			
危险化学品特种作业人员未持有效证件上岗或者未达到高中以上文化程度的			
三年内发生过重大以上安全事故的，或者三年内发生2起较大安全事故，或者近一年内发生2起以上亡人一般安全事故的			
备注：1. 安全风险从高到低依次对应为红色、橙色、黄色、蓝色。总分在90分以上（含90分）的为蓝色；75分（含75分）至90分的为黄色；60分（含60分）至75分的为橙色；60分以下的为红色 2. 每个项目分值扣完为止，最低为0分 3. 储存企业指带储存的经营企业			